프랑스 요리의 응용 기법

소스의 새로운
활용과 연출

테이스팅과 프레젠테이션의「Why?」를 분석하다

sauce

GREENCOOK

C O N T E N T S

PRÉFACE

모양과 상태의 변화를 배우면서
소스의 의도를 분석한다

소스란 무엇일까.

『라루스 요리대사전』에서는 다음과 같이 설명하고 있습니다.

「소스는 프렌치요리의 중요한 베이스이다. 소스에는 다양한 맛이 있어서 마무리 역할을 담당하며, 요리 고유의 맛을 손상시키지 않으면서 전체적으로 깊은 맛을 낸다.」

또한 파리의 미쉐린 3스타 레스토랑 〈그랑 베푸(Grand Véfour)〉의 셰프로 현대 프렌치요리의 발전에 기여한 위대한 요리사, 레이몽 올리베(1909~1990년)는 저서인 『Classic Sauces and Their Preparation』에서 소스의 중요성에 대해 다음과 같이 이야기했습니다.

「소스 없는 요리는 생각할 수 없으며, 또한 소스는 한 나라의 요리 수준을 나타낸다. (중략) 프랑스에는 하나의 종교와 360개의 소스가 있다고 해도 과언이 아니다.」

프렌치요리에 있어서 소스는 단순히 요리의 일부가 아니라 「중요한 베이스이며, 마무리이기도 하고, 한 나라의 요리 수준까지 결정할 정도로 힘이 있다」라고 오래전부터 자랑스럽게 여겨왔다는 사실을 위의 두 가지 예로 알 수 있습니다.

소스는 요리에 생명을 불어 넣고
수분량의 밸런스를 조절하는
가장 중요한 역할을 한다.
Lionel Beccat

요리에 따라 소스의 역할을 정하고
적합한 형태를 선택한다.
Yujiro Takahashi

소스의 형태나 온도로
접시 위에 변화를 일으킨다.
Shinsuke Ishii

불순물을 완전히 제거하고
순수한 소스로 재료의 맛을 살린다.
Naobumi Sasaki

모든 재료를 한입에 맛볼 수 있도록
소스의 모양과 상태, 농도를 조절한다.
Go Ishii

주재료와 부재료를 연결해주는
플레이버가 소스이며,
디자인을 고려해서 형태를 결정한다.
Junichi Kato

두 가지 소스를 조합하여
완급이 있고 언벨런스한 일체감을 표현한다.
Shinya Otsuchihashi

라루스 요리대사전에서는 소스를 「조금이라도 액체인 상태」라고 정의했지만, 최근에는 액체를 공기처럼 가벼운 거품 상태로 만드는 에스푸마를 비롯하여, 액체를 고체화시키는 도구나 재료가 널리 사용되고 있습니다. 소스의 형태는 거품, 가루(파우더), 젤리(줄레), 셔벗 등 다양하며 더 이상 액체로 한정할 수 없습니다. 또한 형태를 자유롭게 변화시킬 수 있기 때문에, 맛뿐 아니라 식감이나 모양에도 큰 영향을 미치고 있습니다.

올리베는 다음과 같이 설명도 했습니다.

「소스는 요리의 액체 부분만 가리키는 것이 아니라, 요리 그 자체이다.」

따라서 이 책에서는 소스를 「요리의 이미지를 결정짓는 것」이라고 폭넓게 정의하고, 맛뿐 아니라 프레젠테이션이나 식감에도 포커스를 맞춰서 현대의 셰프들이 실천하고 있는 참신하고 효과적인 소스 활용법을 소개합니다.

요리를 소개하면서 셰프들이 「왜」 이런 소스를 만들고, 「왜」 이런 형태를 선택했는지, 「소스를 만든 의도」를 설명하였습니다. 셰프들의 생각을 배움으로써 새로운 요리를 창작하는 데 도움이 된다면 매우 기쁘겠습니다.

일 러 두 기

이 책은 프렌치 소스를 어떻게 새로운 시각으로 활용하고 창조적으로 플레이팅 하느냐에 초점을 맞춰서 소스를 중심으로 요리를 분석하였으며(p.6~95), 그 소스를 사용하여 만든 요리를 뒤에 따로 상세하게 설명하고 있다(p.104~143). 설명에서 언급하는 「파트」라는 단어는 요리를 구성하는 요소요소를 의미하며, 「퐁(Fond)」은 고기나 생선을 넣어 끓인 맛국물, 「쥐(Jus)」는 재료를 가열하여 얻은 육즙을 가리킨다. 이 밖의 용어는 아래의 용어 설명과 함께 「소스의 기술(그린 쿡)」을 참조하면 좋다.

로보쿠프(Robot coupe) 프랑스의 주방기기 전문업체인 〈로보쿠프〉사에서 만드는 분쇄기.

몽테(Monter) 소스를 만들 때 마지막에 버터 등을 넣어 농도를 맞추는 것.

뵈르 블랑(Beurre Blanc) 하얀 버터라는 의미의 정통 프랑스 소스. 「화이트 버터 소스」라고도 한다.

블루테(Vlouté) 루에 닭고기, 송아지 고기 등을 사용한 화이트 스톡 또는 생선 스톡을 넣어 만든 소스.

사바용(Sabayon) 달걀 노른자, 설탕, 화이트와인, 향료를 섞어서 만든 소스.

쉬크(Suc) 냄비에 눌어붙은 고기나 채소의 육즙.

시누아(Chinois) 금속 원뿔 모양의 체.

쥐 다뇨(Jus d'agneau) 새끼 양고기 육즙 소스.

파코젯(Pacojet) 극세 분쇄기.

퐁 드 보(Fond de veau) 송아지 육수.

퐁 블랑(Fond blanc) 흰색 육수.

Mousse
Sauce

무스 소스

무스라고 하면 휘핑한 생크림이나 달걀을 넣은 크림 상태의 소스가 연상되지만,
이 책에서는 프랑스어 「Mousse」의 본래 의미가 「거품」이라는 점에서
거품을 이용한 소스 전반을 다룬다.
무스 소스가 가진 매력은 무엇보다도 가볍고 부드러운 식감이다.
액상 소스보다 단단해서 재료에 바를 수 있기 때문에
재료와 소스의 일체감을 높이는 효과도 있다.
또한 액상 소스에 비해 모양이 잘 유지되므로 플레이팅할 때 활용하기도 좋다.
액체로 거품을 만든 무스 소스는
요리에 가벼운 식감이 요구되기 시작한 1980년대에 등장하였고,
섬세한 겉모습과 입안에서 터지는 독특한 식감 때문에 인기가 높아졌다.
1990년대에는 전용 사이펀과 아산화질소를 사용한
에스푸마가 개발되어 붐을 일으켰는데,
한때는 모든 요리에 거품을 사용하는 레스토랑이 생길 정도였다.
유행 단계를 지나 정착된 현재는 단순한 트렌드로 활용하는 것이 아니라
좀 더 효과적인 활용방법을 모색하고 있다.

Nube(betterave, balsamique, curry)
3가지 누베(비트, 발사믹, 그린커리)

모양이 오래 유지되는 거품으로
디자인의 폭을 넓힌다

SAUCE 3가지 누베
RECETTE 비트, 발사믹, 그린커리라는 3종류의 액체에 젤라틴을 넣고 거품을 내면서 차갑게 식혀 굳힌다.
CONCEPT 가벼운 식감을 살리면서 자유롭게 플레이팅할 수 있다.

젤라틴을 넣은 액체를 거품을 내면서 식히면, 젤라틴이 공기를 함유한 채로 굳어서 생크림이나 달걀을 넣지 않아도 단단한 거품이 완성된다. 1961년에 설립돼 14년 동안 미쉐린 3스타를 받은 〈엘불리(El Bulli)〉의 페란 아드리아(Ferran Adria)가 만든 「누베(스페인어로 구름을 의미)」는 톡톡 튀는 특유의 식감이 흥미로울 뿐 아니라 「플레이팅의 범위가 비약적으로 넓어지는 것이 가장 큰 매력」이라고 다카하시 셰프는 말한다.

여기서는 비트 퓌레, 발사믹, 그린커리로 만든 선명한 색깔의 3가지 누베를 각각 크넬(럭비공)모양으로 만든 다음, 모양이 오래 유지되는 점을 이용하여 불안정한 플레이팅에 도전하였다. 매장에서는 식재료 주변을 누베로 덮어 거품 볼을 만드는 등 다양한 모양으로 응용하고 있다.

거품 낼 때의 온도관리가 매우 어려운데, 뜨거울 때 거품을 내면 젤라틴이 굳지 않고, 너무 식었을 때는 거품이 만들어지기 전에 굳어버린다. 젤라틴이 응고하기 직전인 30℃ 정도에서 거품을 내고, 얼음 위에 올린 뒤 계속 거품을 내면서 천천히 굳히는 것이 포인트이다. 또한 지방이 많으면 잘 굳지 않으므로 액체의 지방 함유량에 주의한다.

레시피_ p.104

성공하면 머랭처럼
결이 고운 거품이
완성된다.

위에 올려도
흘러내리지 않아,
불안정한
플레이팅에서도
모양 잡기가 쉽다.

Foie gras poêlé et pain perdu à la brioche,
avec mousse de banane
바나나 무스를 곁들인
푸아그라 푸알레, 브리오슈 프렌치토스트, 베이컨

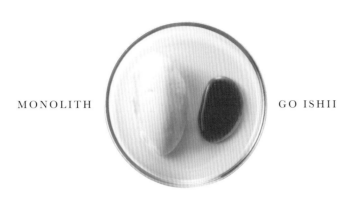

MONOLITH   GO ISHII

입에서 녹는 타이밍을 맞춰
일체감을 준다

SAUCE   바나나 무스
RECETTE 바나나 퓌레에 생크림과 젤라틴을 넣어 굳힌다.
CONCEPT 빵에 발라서 한입에 먹는다.

팬케이크에 달걀과 베이컨을 올린 미국식 정통 조식을 프렌치요리에 응용했다. 푸아그라와 궁합이 좋은 브리오슈로 팽 페르뒤(프렌치 토스트)를 만들고, 베이컨과 푸아그라 푸알레를 올렸다. 팬케이크에 휘핑크림을 곁들이는 느낌으로, 단맛을 줄여 산뜻하게 만든 바나나 무스를 소스로 사용했다.

액상 소스는 빵에 스며들어 빵의 식감이 떨어지지만, 무스 상태의 소스는 쉽게 녹아내리지 않아 빵이나 푸아그라에도 바르기 좋다. 전체를 모두 한입에 먹을 수 있고 무스 자체의 맛도 잘 느껴진다.

무스는 젤라틴을 조금만 넣어 아주 부드럽게 만든다. 입안에서 녹는 식감을 푸아그라와 비슷하게 맞춰서 일체감을 높이기 위해서이다.

레시피_ p.106

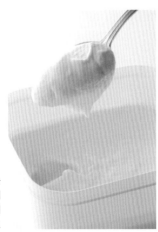

무스는 입에서 녹는
타이밍을 푸아그라에
맞춰서 부드럽게
완성한다.

사이에 넣은 베이컨의
짭짤함이 맛을
잘 살려주는
소스와 같은
역할을 한다.

Langoustine poêle sauce tomate différent style
색, 온도, 식감이 다른 토마토 소스를 올린
랑구스틴 푸알레

무스와 셔벗을 함께 사용하여
입에서 녹는 시간과 온도에 변화를 준다

SAUCE	토마토 소스
RECETTE	토마토에서 추출한 투명한 진액에 증점제를 넣고 에스푸마로 짠다.
CONCEPT	순백이지만 토마토의 감칠맛을 충분히 느낄 수 있다. 겉모습과 맛의 차이를 연출한다. 하나의 소스에 식감과 온도로 변화를 준다.

〈엘불리〉가 만든 뒤 순식간에 널리 퍼진 무색투명한 토마토 농축액.

투명한 아름다움을 살려서 줄레로 만드는 경우가 많지만, 이시이 셰프는 증점제를 넣고 에스푸마를 사용하여 순백의 무스로 만들었다. 무스는 입에서 녹으면서 향이 잘 퍼지기 때문에, 토마토의 맛을 보다 확실하게 느낄 수 있다.

또한 상온의 무스뿐 아니라 무스를 얼린 셔벗도 함께 곁들여서, 하나의 무스에서 식감과 온도를 변화시켰다. 입에서 녹는 시점을 달리하여 토마토 향을 입안에 지속시키는 것이다.

토마토와 궁합이 좋은 바질도 무스와 파우더로 준비해서, 마찬가지로 입에서 녹는 시간을 다르게 했다. 사용하는 바질 퓌레는 액체질소로 얼린 뒤 퓌레로 만든 것으로, 액체질소를 사용하여 선명한 색깔과 신선한 향을 가두었다.

여기서는 랑구스틴(작은 바닷가재) 푸알레와 함께 산뜻하게 찬요리로 만들었지만, 매장에서는 토마토 무스를 주인공으로 내세운 아뮈즈 부슈도 호평을 받고 있다. 메인으로든 소스로든 잘 어울려서 어디에나 활용하기 좋다.

레시피_ p.107

토마토를 퓌레로 만든 뒤 여과지로 거르면
투명한 액체가 추출된다.
가열하지 않아서 토마토의 신선한 맛과 향이 살아 있다.

같은 재료이지만 모양을
변화시키는 것만으로도
느낌이 크게 달라진다.

Ormeau à la vapeur,
sauce sabayon de corail de ormeau
내장을 넣은 사바용 소스와 전복 샴페인찜

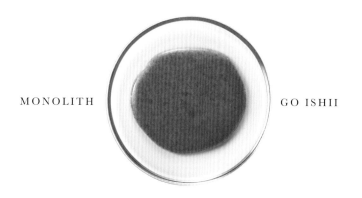

사바용으로 농도를
자유롭게 조절한다

SAUCE   내장을 넣은 사바용 소스
RECETTE   전복 국물과 내장 퓌레를 사바용에 넣고 거른다.
CONCEPT   달걀노른자의 농도를 이용해서 전복 표면에 소스를 묻힌다.
      부드럽고 걸쭉한 식감으로 농후한 맛을 강조한다.

「접시 안의 모든 요소를 한입에 먹고 싶다」라고 생각하는 이시이 셰프. 전복처럼 표면이 매끈한 재료의 경우, 액상 소스를 뿌리면 흘러내려서 표면에 잘 묻지 않는다. 걸쭉하게 만들어서 잘 묻게 하려면 어떤 재료가 좋을지 고민한 결과, 내장 소스에 어울리는 농후함과 버무리기 좋은 농도를 모두 갖춘 달걀노른자를 선택하게 되었다.

처음에는 완성된 내장 소스에 달걀노른자를 넣고 가열해서 걸쭉하게 만들었지만, 이렇게 하면 달걀의 익은 정도가 조금만 달라져도 농도가 변하기 때문에 생각대로 소스를 완성하기 어려웠다. 그래서 생각해낸 것이 미리 만든 사바용 소스를 내장 퓌레와 섞는 방법이다. 사바용이라면 먼저 원하는 농도로 조절해놓을 수 있으므로 안정적으로 사용할 수 있다. 전복의 질에 따라 사바용과 내장 퓌레의 분량을 조절하면 맛의 밸런스도 쉽게 맞출 수 있다.

사바용에는 화이트와인 비네거를 조금 넣어 신맛으로 맛을 살렸다. 소스의 농후함이 한층 돋보인다.

레시피_ p.108

나중에 퓌레를
넣기 때문에
사바용은
되직하게 가열한다.

걸쭉하고 진한 소스가 전복 표면에 잘 묻는다.

Ayu farcie poêlée et rillettes d'ayu

은어 리예트를 곁들인 은어구이

MONOLITH   GO ISHII

하나의 재료로
복합적인 맛을 만들어낸다

SAUCE 은어 리예트
RECETTE 은어와 푸아그라를 끓여서 걸러낸 뒤 식혀서 굳힌다.
CONCEPT 차갑게 완성해서 파르스와 전혀 다른 식감으로 만든다.

머리부터 간까지 은어를 통째로 사용해서 무스와 리예트를 만든다. 무스는 파르스처럼 은어 속에 채우고, 리예트(돼지나 거위 고기를 잘게 잘라서 지방과 함께 삶은 음식)를 소스로 곁들인다.

액체 소스가 아니라 리예트를 소스로 활용한 것은 고체가 온도를 더 확실히 느낄 수 있기 때문이다. 무스는 은어와 함께 굽기 때문에 따뜻하고, 차가운 리예트는 악센트 역할을 한다.

또한 폭신하고 부드러운 무스와 지방이 적당히 함유된 리예트는 맛이 잘 어우러진다. 식감과 온도를 다르게 완성하면, 은어 맛을 직접적으로 느낄 수 있고 복합적인 맛도 표현할 수 있다.

리예트는 은어 간의 쓴맛이 강하게 느껴질 수 있으므로, 푸아그라와 바닷가재 비스크(갑각류나 조개류를 넣은 크림 수프)를 넣어 부드럽게 완성한다.

레시피_ p.109

풍 블랑, 비스크, 돼지 비계, 화이트와인을 넣고
은어를 통째로 조린 뒤, 머리와 뼈까지
모두 로보쿠프로 갈아서 페이스트를 만든다.

은어를 통째로 사용한 무스를 은어 속에 채운다.
폭신하고 부드러운 맛.

Fricassée de morilles
et asperges blanches au vin jaune
뱅존으로 향을 낸 화이트 아스파라거스와 곰보버섯 프리카세

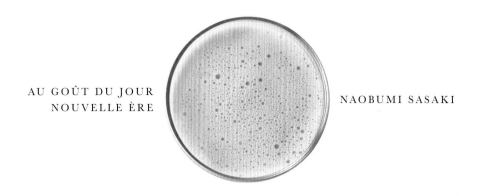

거품이 톡톡 터질 때마다
향이 퍼져나간다

SAUCE	곰보버섯 크림
RECETTE	퐁 블랑과 발효크림으로 곰보버섯을 조린 뒤 핸드블렌더로 거품 상태로 만든다.
CONCEPT	거품이 천천히 액체 상태로 돌아가면서 가벼움과 농후함이 공존한다.

퐁 블랑과 크림으로 곰보버섯을 부드럽게 조린 뒤 핸드블렌더를 이용하여 거품 상태로 만들어서, 구운 화이트 아스파라거스에 곁들였다. 심플하지만 진한 맛이 느껴지는, 「소스가 주인공」인 요리이다.

레시틴 등의 응고제를 넣지 않아 거품이 고정되지 않게 만들었다. 거품이 터질 때마다 향이 퍼지고, 액체 상태로 돌아가면서 크림소스의 농후함과 매끄러운 식감을 즐기도록 하는 것이 목적이다. 적당히 가벼우면서 동시에 프렌치요리를 먹는 만족감도 느낄 수 있다.

사사키 셰프는 생크림 대신 발효크림을 사용한다. 생크림을 졸이면 응축될 때까지 시간이 걸려서 곰보버섯의 좋은 향이 날아가 버리기 때문이다. 발효크림은 졸이지 않아도 농축된 감칠맛이 있기 때문에 오래 가열하지 않아도 된다.

레시피_ p.111

발효크림은 생크림에 유산균을 넣고 자연발효시킨 것이다.
진한 감칠맛과 가벼운 신맛이 특징.

핸드블렌더로 거품을 낸다. 지방이 함유되어 있어
거품이 잘 만들어지고, 시간이 지나도
적당히 가벼운 상태를 유지한다.

Ayu, foie de volaille, passion
은어, 닭간 푸아그라, 패션프루트

닭간 푸아그라, 은어 간, 과일 등의 쌉쌀한 맛이 3가지 소스로 겹쳐진다

SAUCE	3가지 쌉쌀한 소스
RECETTE	닭간 푸아그라로 무스를 만든다.
	은어 간의 향이 밴 오일을 말토섹을 이용해 가루로 만든다.
	패션프루트에 자몽 과육을 섞고 겔에스페사로 걸쭉하게 만든다.
CONCEPT	3가지 소스의 쌉쌀한 맛이 겹쳐져서 섬세한 맛을 낸다.
	3가지를 모두 다르게 만들어서 입에서 녹는 데 시간차를 둔다.

은어 자체의 맛뿐 아니라 조합으로 만들어지는 은어의 새로운 맛을 제안한다. 오쓰치하시 셰프가 소스로 선택한 것은 감칠맛, 쌉쌀한 맛, 단맛이 있는 부드러운 식감의 닭간 푸아그라 무스이다.

악센트로 자몽의 쌉쌀한 맛을 더한 패션프루트 퓌레와 은어 간의 향이 밴 오일 파우더를 더해, 서로 다른 쌉쌀한 맛이 겹쳐져 깊은 맛으로 완성되었다. 3가지 소스를 다른 형태로 만들어 입에서 녹는 시간에 차이가 생기기 때문에 보다 다양한 풍미를 느낄 수 있다.

닭간 푸아그라는 믹서의 마찰열로 데운다. 소테로 굽는 것보다 고르게 가열할 수 있는 것이 장점이다. 살균을 위해 80℃ 이상까지 가열하면 식감이 나빠지므로, 루와 달걀 대신 물에 푼 녹말가루와 젤라틴을 넣어 농도를 조절하면 매끄러운 식감을 유지할 수 있다.

무스에 공기가 많이 포함되는 만큼 색감은 떨어지는데, 오히려 그 색깔을 살려서 파슬리 사블레 파우더를 주위에 뿌려 이끼 낀 바위가 연상되게 연출하였다.

레시피_ p.110

닭간 푸아그라 무스는
믹서로만 요리한다.
마찰열로 가열하면
고르게 익는다.

무스의 색깔을 살려서
이끼 낀 바위를
표현했다.

Gelée
Sauce

줄레 소스

재료 자체의 젤라틴 성분으로, 또는 젤라틴이나 한천 등의 응고제를
액체에 넣어 줄레(고기, 과일의 즙 등으로 만든 젤리)상태로 굳힌 소스.
시원하고 목넘김이 좋은 줄레 소스는 여름 요리에 빼놓을 수 없는 존재이다.
얼음처럼 투명해서 보기에도 시원한 느낌을 준다.
최근에는 응고제 종류가 비약적으로 늘어나 젤라틴이나 한천 외에도
다양한 종류를 구할 수 있다.
응고제에 따라 녹는점이나 식감이 크게 다르므로
원하는 식감에 맞는 제품을 사용해야 한다.
새롭게 개발된 응고제 중에는 녹는점이 매우 높아 식히지 않아도 응고되거나
따뜻해도 줄레 상태를 유지하는 제품도 있으므로,
사용방법에 따라 요리의 폭을 넓힐 수 있다.

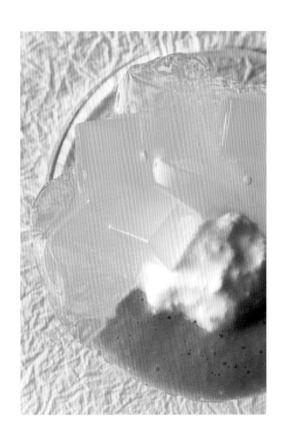

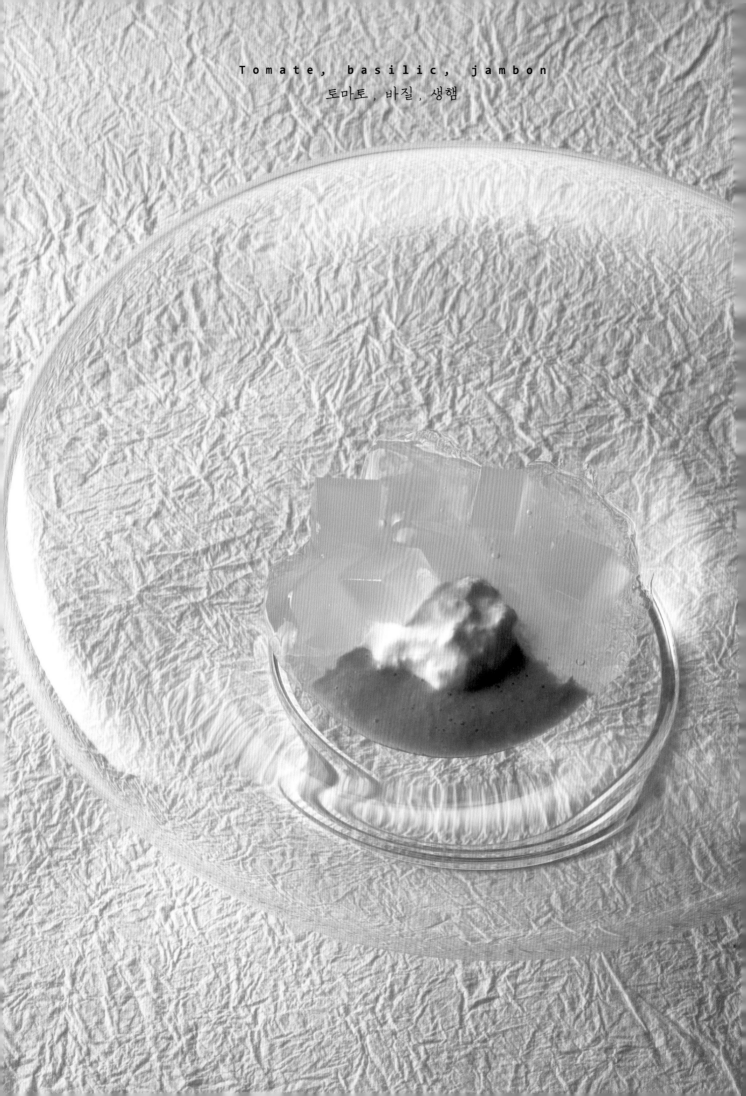

CRAFTALE   SHINYA OTSUCHIHASHI

3가지 응고제로
입에서 녹는 타이밍을 조절한다

SAUCE	토마토, 바질, 생햄 줄레
RECETTE	토마토, 바질, 생햄에서 투명한 액체를 추출하고, 각각 다른 응고제를 넣어 줄레를 만든다.
CONCEPT	맛을 느끼는 타이밍을 달리하여 잘 어울리게 만든다.

토마토, 치즈, 바질로 만드는 카프레제의 조합을 가스파초로 표현했다. 그린 토마토를 사용한 녹색의 가스파초 위에 토마토, 생햄, 바질로 만든 3종류의 투명한 줄레와 부라타 치즈를 올린다.

줄레를 만들 때는 젤라틴, 펄아가, 한천을 겹치지 않게 하나씩 골라서 사용한다. 각각 다른 응고제를 사용하여 입안에서 녹는 타이밍을 서로 차이나게 조절하는 것이 목적이다.

입에 넣으면 먼저 토마토 줄레가 녹아내리고, 바질과 생햄의 맛이 점점 겹쳐진다. 생햄 줄레는 맛이 매우 강하기 때문에 80℃까지 액화하지 않는 한천을 사용하고 씹어야 맛이 느껴지도록 만든다. 맛이 옅은 재료일수록 녹는점이 낮은 응고제를 사용하여 먼저 맛을 느끼게 하고, 그런 다음 진한 맛이 천천히 퍼지면 모든 파트의 맛을 제대로 느낄 수 있어 조합에 의한 상승효과도 즐길 수 있다.

처음 먹을 때부터 뒷맛이 주는 느낌과 마리아주에 이르기까지, 모든 맛을 응고제만으로 정확하게 조절하였다.

레시피_ p.112

토마토는 젤라틴, 바질은 펄아가,
생햄은 한천으로 각각 굳힌다.

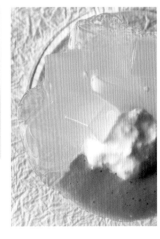

치즈는 모차렐라에
생크림을 넣은,
프레시 치즈 부라타를
사용한다. 진한 맛과
향은 유지되면서
매끄럽고 식감이 좋다.

Foie gras, express

푸아그라 , 에스프레소

푸아그라의 온기에도 녹지 않고
쌉쌀한 맛과 식감을 유지하는 줄레 시트

SAUCE   **에스프레소 시트, 팽 데피스 튀일 파우더**

RECETTE   에스프레소에 아가를 넣어 시트 형태로 굳힌다.

               팽 데피스 튀일을 만들어서 믹서로 간다.

CONCEPT   커피의 쓴맛과 푸아그라를 일체화시킨다.

요리를 하던 중 푸아그라를 맛보다가 무심코 커피를 마셨는데, 의외의 궁합에 놀랐다는 다카하시 셰프. 그래서 푸아그라와 커피의 쌉쌀한 맛을 함께 즐길 수 있는 요리를 개발하기 시작했다.

액체 상태의 소스는 푸아그라에 잘 묻지 않고, 거품 상태의 소스는 공기에 의해 쌉쌀한 맛이 부드럽게 변하고 만다. 쌉쌀한 맛을 살리면서 푸아그라와 일체감을 주기 위해, 고심 끝에 생각해낸 것이 소스를 시트로 굳혀서 푸아그라를 감싸는 방법이다.

응고제는 아가를 사용하여 90℃ 이하에서 녹지 않고, 푸아그라 푸알레의 열에 잘 견딘다. 또한 입에서 부드럽게 잘 녹는 푸아그라에 아가의 적당한 식감이 악센트가 되기 때문에, 그야말로 이상적인 재료이다.

마무리로 팽 데피스 튀일 파우더를 뿌려서 바삭한 식감을 더해, 쌉쌀한 맛과 스파이시한 향이 개성적이고 뒷맛도 깔끔한 푸아그라 요리를 완성한다.

레시피_ p.113

검고 투명한 시트는 보기에도 신선한 느낌이다.

귤 콩피를 곁들여서 단맛과 청량감으로
쌉쌀한 맛을 부드럽게 만든다.

Huître, concombre
바윗굴, 오이

LE SPUTNIK   YUJIRO TAKAHASHI

선입견과 다른
신선한 놀라움

SAUCE   오이 줄레
RECETTE   오이를 퓌레로 만들어 끓인 뒤 체에 걸러서 젤라틴으로 굳힌다.
CONCEPT   겉모습과 맛의 차이를 연출한다.
               줄레와 그라니테를 조합해 청량한 느낌을 강조한다.

오이를 퓌레로 만들어서 끓이면 무색투명한 액체를 얻을 수 있다. 이 액체로 줄레를 만들어서 굴 위에 올렸다.

투명한 줄레는 최근 자주 사용하는 방식이다. 굴에는 바닷물로 만든 젤리를 조합하는 것이 정석이다. 그런 이미지를 머릿속에 그리면서 한 입 먹으면, 응축된 오이의 신선한 향이 입안에 퍼져서 깜짝 놀라게 된다. 투명한 줄레를 처음 먹는 사람은 맛과 겉모습의 차이만으로도 신선함을 느끼고, 현대 프렌치 요리에 익숙한 사람은 선입견이 깨지는 놀라움을 느낄 수 있다.

남은 오이 퓌레는 액체질소로 얼려서 그라니테(과일, 설탕, 와인 등을 얼려 만든 얼음과자) 상태로 부순다. 그라니테와 줄레를 조합하면 목넘김이 좋아질 뿐 아니라, 그라니테가 입안에서 빠르게 녹아 오이 향이 좀 더 강조된다.

레시피_ p.114

믹서로 갈아서 퓌레로
만든 오이를
체에 걸러서
액체만 추출한다.
이 단계에서는 아직
선명한 녹색을 띤다.

끓이면 녹색 색소만이
표면으로 떠올라
액체는 투명해진다.
무나 순무 등도 같은
방법으로 투명한 액체를
추출할 수 있다.

Sépar
Sauce

ation

물과 기름을 분리시킨 소스

액체 속 수분과 지방성분을 유화시키지 않고 일부러 분리시킨 채 완성하는 소스.
유화는 믹서에 넣고 돌려서 수분과 지방성분을 고운 입자로 만들어 고르게
분산시킨 상태이다. 2가지를 섞으면 맛이 부드러워진다. 식염수에 기름을 넣으면
안 넣은 식염수에 비해 짠맛이 반으로 감소한 것처럼 느껴진다는
실험결과가 있을 정도로, 지방은 맛을 부드럽게 해주는 효과가 있다.
이런 효과를 반대로 활용해서 일부러 분리시키는 것은
수분에 함유된 맛을 직접적으로 느끼기 위해서이다.
또한 기름에 색을 첨가하면 2가지 색깔의 소스가 화려한 느낌을 준다.

Salmon, beetroot
연어, 비트

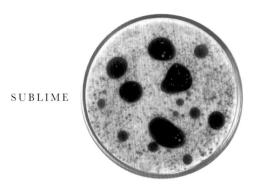

주인공 버터밀크와
색과 향을 더해주는 오일

SAUCE	버터밀크, 딜오일
RECETTE	바지락 쥐를 넣은 버터밀크에 딜 아로마오일을 떨어뜨린다.
CONCEPT	흰색과 녹색의 아름다운 색감을 살린다.
	분리시켜서 버터밀크의 맛과 딜의 향을 각각 강조한다.

버터밀크란 생크림에서 버터를 분리하고 남은 액체를 말한다. 낙농대국인 덴마크에서는 음료로 친숙한 대중적인 식품이다. 요구르트처럼 신맛이 있고 지방성분이 버터로 분리되었기 때문에 물처럼 가벼운 느낌이 특징이다. 여기에 바지락 쥐로 감칠맛을 더해, 유제품 특유의 깊고 부드러운 맛이 느껴지면서 산뜻한 맛도 있는 소스로 만들었다.

단, 이것만으로는 향이 부족하여 주재료인 연어, 비트와 궁합이 좋은 딜 아로마오일을 떨어뜨려 향에도 보기에도 청량한 느낌을 더했다. 2가지를 유화시키지 않아 선명한 색감을 살릴 수 있을 뿐 아니라, 버터밀크와 딜의 개성이 직접적으로 느껴지는 효과가 있다.

2가지 소스의 비율에 따라 맛이 달라지므로, 끝까지 질리지 않고 먹을 수 있는 것도 장점이다.

레시피_ p.114

북유럽이나 미국에서는 아침식사 때 우유 대신 버터밀크를 마신다.

여러 가지 허브로 향을 낸 아로마오일은 북유럽에서 대중적으로 사용하는 조미료이다. 매장에서는 5종류 이상을 준비하여 식재료에 맞춰서 사용한다.

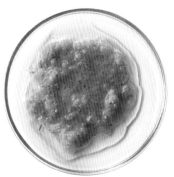

AU GOÛT DU JOUR
NOUVELLE ÈRE

NAOBUMI SASAKI

생선 특유의 비린내를
오일로 마스킹한다

SAUCE 사프란 콩디망 오일
RECETTE 올리브오일에 향미채소, 향신료, 허브를 4일 이상 재운다.
CONCEPT 지방의 비린내를 없애고 생선의 감칠맛만 남긴다.

지방이 많은 생선은 특유의 냄새가 남기 쉽다. 이때 필요한 것이 사프란이나 코리앤더 등의 향신료, 향미채소, 허브를 오일에 재워 향이 밴 청량한 느낌의 오일소스 콩디망 오일이다.

수용성 소스는 생선 지방과 섞이지 않으므로 지방만 입에 남아 뒷맛이 좋지 않다. 오일소스라면 지방과 섞여서 서로의 향을 지워주기 때문에 생선의 감칠맛만 남는다.

사용하는 향신료는 향은 강하지만 뒷맛이나 개성이 강하지 않은 것을 선택하는 것이 포인트. 향미채소도 당근처럼 단맛이 있는 것은 생선 맛에도 영향을 미치기 때문에 피하는 것이 좋다. 맛도 향도 강하지 않고, 생선 냄새를 마스킹하는 조연 역할에 충실한 소스이다.

레시피_ p.115

코리앤더 씨, 사프란, 흰 통후추, 양파,
에샬로트, 타임, 월계수잎, 레몬. 개성이 강하지 않고
산뜻한 향이 있는 재료를 선택하였다.

잘게 다지거나 믹서로 갈아서 병에 넣고 재운다.
남아 있는 덩어리가 식감에 악센트가 된다.

Bœuf rôti fumée a paille,
simplement jus de bœuf
쥐 드 뵈프 소스와 짚으로 훈연한
홍두깨살 로스트

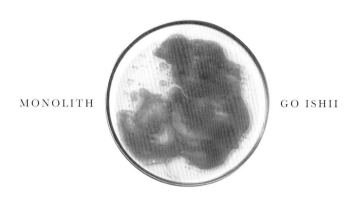

수분과 지방을 분리하여
표현의 폭을 넓힌다

S A U C E   **쥐 드 뵈프**
RECETTE   소 지방에 향미채소와 허브의 향을 더해서 쥐 드 뵈프에 넣는다.
CONCEPT   수분의 맛과 지방의 향을 다른 파트로 보고 각각을 독자적으로 조절한다.

쥐와 지방성분을 분리시켜서 소스를 만드는 방법은 클래식한 프렌치요리에서도 자주 사용하는 방법이다. 이시이 셰프도 요리를 배우던 시절부터 사용했는데, 분리시키는 이유를 계속 고민한 결과 이 방법에 대한 인식이 바뀌었다.

셰프가 생각하는 분리의 장점은 2가지. 첫 번째는 수분이 지방의 막으로 싸이지 않아 쥐의 맛이 직접적으로 혀에 전해진다는 것이다. 다른 하나는 수분과 지방은 풍미가 입안에 퍼지는 타이밍이 다르기 때문에, 지방에 함유된 향이 좀 더 강하게 느껴진다는 것이다. 그래서 수분에는 맛만 응축시키고 지방으로 향을 조절하는 식으로 역할을 나눠서 생각하게 되었다. 이처럼 수분과 지방을 다른 파트로 생각하게 되면서 응용할 수 있는 범위가 한층 넓어지고, 「분리」라는 방법에 큰 가능성을 느끼게 되었다.

여기서는 맛을 담당하는 수분은 쥐 드 뵈프, 향을 담당하는 지방은 소고기의 지방이다. 허브와 향미채소에 소고기 지방을 넣고 끓여서, 짚으로 훈연한 고기에 지지 않는 강한 향으로 완성하였다.

이시이 셰프는 숙성육 로스트에도 이 소스를 사용하는데, 숙성육의 경우 고기 자체의 향이 강하고 소지방도 냄새가 강하기 때문에, 대신 견과류오일을 사용해 숙성육의 장점을 살린다. 재료에 따라 수분과 지방의 종류를 다르게 함으로써 다양한 요리에 응용할 수 있는 기술이다.

레시피_ p.116

소고기 비곗살과
로즈메리, 타임,
향미채소를 넣고
30~40분 끓여서
향이 배게 한다.

입에 넣으면 쥐의 맛이
먼저 느껴지고, 체온에
의해 지방이 녹으면서
향이 점점 퍼져나간다.

CRAFTALE   SHINYA OTSUCHIHASHI

퓌레의 점착성으로
각각의 파트를 연결한다

SAUCE   브로콜리 퓌레, 소라 파슬리버터

RECETTE   브로콜리 퓌레에 올리브오일을 넣어 유화시킨다.

               파슬리버터에 소라 간을 넣고 갈색으로 살짝 태우듯이 볶는다.

CONCEPT   퓌레의 점착성으로 작은 파트와 파슬리버터를 연결한다.

               신맛과 고소한 향으로 청량한 느낌을 살리고, 접시에 그린 풍경을 맛으로도 표현한다.

「전통적인 비스트로 요리에 일본의 느낌을 담고 싶다」라는 생각에서 오쓰치하시 셰프는 소라로 달팽이를, 콜리플라워와 오이로 수국을 표현하였다.

브로콜리 퓌레 소스에 소라 간과 케이퍼를 넣은 파슬리버터를 조합하여, 「브루고뉴풍 에스카르고」를 후덥지근한 장마철에도 산뜻하게 먹을 수 있게 변화시켰다.

2가지 소스 중에서 맛의 중심이 되는 것은 신맛, 쓴맛, 고소한 향이 응축된 파슬리버터. 또한 브로콜리 퓌레에는 올리브오일을 넣고 유화시켜 부드럽게 만들었다. 이것만 먹으면 어딘지 부족하게 느껴질 정도로 담백한 맛이다.

브로콜리 퓌레의 목적은 맛보다 오히려 텍스처에 있다. 점착성이 있어서 작은 파트와 파슬리버터가 퓌레와 잘 섞이므로 전체를 모두 한입에 먹을 수 있다. 즉, 연결하는 역할이다.

접시에 풍경을 그리려면 섬세한 표현을 위해 아무래도 작은 파트가 필요하다. 그런 특성을 이해하고 섬세한 손길을 더하면, 디자인도 뛰어나고 실속도 있는 요리가 탄생한다.

레시피_ p.117

소라는 파슬리버터로 소테하여 전체적으로 일체감을 준다.

브로콜리 퓌레 속에
민트오일을 떨어뜨려
향을 보충한다.

Poulet jaune poché puis rôti,
dans son jus à l'ail
마늘향 쥐를 곁들인 닭고기 로티

 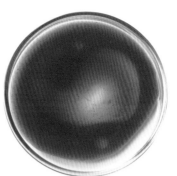

AU GOÛT DU JOUR
NOUVELLE ÈRE

NAOBUMI SASAKI

닭고기에 소스로 지방을 보충하고
향을 풍부하게 한다

SAUCE 쥐 드 풀레
RECETTE 쥐 드 풀레를 만들고 마늘 향이 밴 닭기름을 넣는다.
CONCEPT 맑은 쥐로 재료의 맛을 직접 느낄 수 있다.
고기의 지방을 소스로 보충해서 향이 입안에 잘 퍼지게 한다.

주재료를 직접적으로 느낄 수 있도록 재료를 최소한으로 사용하여 재료의 숨어 있는 맛을 살리고 싶다는 사사키 셰프. 소고기 외의 고기요리에는 반드시 심플한 쥐를 소스의 베이스로 사용하고, 고기 특성에 맞춰 향이나 지방의 양에 변화를 준다.

물과 지방을 비교했을 때 지방이 입안에 머무는 시간이 길어 향이 더 잘 느껴진다. 닭가슴살처럼 지방이 적은 고기의 경우, 소스로 지방을 보충함으로써 재료의 향을 좀 더 길게 느낄 수 있다. 쥐를 만들 때 닭뼈에서 나온 기름을 모아둔 뒤, 소스 만들 때 마지막에 넣으면 닭고기 특유의 향이 한층 풍부해진다. 심플한 소스이므로 쥐의 깔끔한 맛이 요리의 맛으로 이어진다. 닭뼈 굽기, 액체 졸이기 등 각 과정을 하나하나 잘 살펴서 감칠맛만을 제대로 농축시키는 것이 중요하다.

레시피_ p.118

닭뼈는 2시간 동안 색이 고르게 나도록 구운 뒤 끓인다.
고르게 굽지 않으면 쥐에 잡미가 생긴다.

닭뼈를 구울 때
나온 기름을
마지막에 넣는다.

L'azote
Sauce

액체질소로 동결시킨 소스

액체질소는 −196℃로 냉각하여 액체화한 질소이다. 모던 스페니시의
스타 셰프, 〈칼리마(Calima)〉의 다니 가르시아(Dani García)가
처음 레스토랑 요리에 이용했다고 한다.
식품에 분사하면 순식간에 얼기 때문에, 잎채소 등의 얇은 재료는
스푼 등으로 눌러서 간단하게 가루로 만들 수 있다.
액체를 얼리면 셔벗 상태의 소스가 바로 완성된다. 공기에 닿으면
바로 기화하고 기화할 때 주위 공기가 차가워지면서 하얀 연기가 나기 때문에,
손님 앞에서 사용하면 화려한 퍼포먼스를 연출할 수 있다.
냉동실에서 얼리는 것에 비해 압도적으로 빠르고 재료를 손상시키지 않는다는 점도
매력적이다. 빨리 얼지 않으면 재료에 함유된 수분이 팽창하여 세포가 파괴되고
품질이 떨어진다. 액체질소를 사용한 급속동결이라면 수분의 결정이
작은 상태 그대로 얼어서 세포가 거의 손상되지 않고, 분쇄한 뒤 상온으로
돌아와도 아름다운 색과 신선한 향이 유지된다. 단, 동상, 질식, 화재 등을 주의한다.

liquide

Meunière de l'huître
Yuzu Poudre et sauce noilly prat
유자 파우더와 베르무트 버터 소스를 곁들인 굴 뫼니에르

Meunière de l'huître
Yuzu Poudre et sauce noilly prat
유자 파우더와 베르무트 버터 소스를 곁들인 굴 뫼니에르

동결시킨 버터파우더로
「순간 몽테」한다

SAUCE	유자맛 베르무트 버터 소스
RECETTE	유자맛 베르무트 소스에 액체질소로 얼린 유자맛 버터파우더를 뿌린다.
CONCEPT	파우더를 열로 녹여서 베르무트 소스와 일체화시킨다.
	온도차와 향으로 맛에 임펙트를 준다.

버터를 액체질소로 얼리면 사각사각하고 고운 파우더 형태가 된다. 이런 특성을 살려서 유자즙과 껍질, 버터를 액체질소로 얼린 뒤 섞어서 파우더를 만들어 소스에 활용한다.

소테한 굴에 유자맛 베르무트 소스를 뿌리고, 테이블로 옮겨 손님 앞에서 버터파우더를 뿌린다. 그러면 베르무트 소스의 열로 파우더가 순식간에 녹아 버터와 유자의 향이 피어오른다. 또한 녹은 파우더가 버터 몽테와 같은 효과를 발휘하여 진한 맛이 난다. 파우더 하나로 프레젠테이션, 향, 온도, 맛 등 4가지 효과를 얻을 수 있다.

베르무트 소스에서는 가열한 유자의 부드러운 향, 버터파우더에서는 신선하고 청량한 느낌. 이 2가지를 하나의 소스에 녹여 넣는 것도 이 방법이라서 가능하다. 마지막에 돌김 칩을 얹으면 바다 내음이 더해진다.

레시피_ p.119

버터파우더는 주물냄비에 넣어 냉동보관한다. 보냉성이 좋아서 파우더 상태가 오래 유지된다.

버터파우더는 손님 앞에서 뿌린다. 베르무트 소스의 열로 녹아내려 입안에서 버터 몽테가 완성된다.

Déclinaison de chocolat et rose

아침 안개 속에 피는 장미

손님 앞에서 소스로
한 송이 장미를 꽃피운다

SAUCE   로즈 프뤼이 루주 소르베

RECETTE   베리 퓌레와 냉동 베리를 파코젯으로 갈아 소르베를 만들고, 장미꽃잎과 함께 액체질소로 얼린다.

CONCEPT   꽃잎을 소르베에 섞는 화려한 퍼포먼스.
                   가루 상태로 만들면 쉽게 잘 녹아서 다른 파트와 잘 어우러진다.

초콜릿과 피스타치오로 어두운 숲을 표현한 접시를 손님 테이블로 옮긴 뒤, 그 옆에서 베리 소르베와 장미꽃잎을 담은 그릇에 액체질소를 붓는다. 하얀 연기가 테이블을 뒤덮을 때 장미꽃과 소르베를 부수면서 섞고 접시 위에 살짝 올린다. 「안개가 걷히자 숲속에 장미 한 송이가 피어 있었다」는 스토리가 담긴 프레젠테이션이다.

초콜릿의 각 파트는 검은 후추 맛, 소금 맛, 라즈베리 맛, 생강 맛 등으로 각각 풍미가 다른데, 모두 소르베의 풍미와 궁합이 잘 맞게 만든 것이다. 소르베는 그것만 따로 먹는 것이 아니라, 다른 파트에 묻혀서 먹는 소스 역할이다.

고운 입자로 부수는 것은 프레젠테이션을 위한 것일 뿐 아니라, 빨리 액화시켜서 초콜릿에 잘 묻게 만들기 위한 것이기도 하다.

또한 장미꽃잎을 소르베에 섞는 것은 맛으로도 장미를 느낄 수 있게 프레젠테이션 스토리와 맛을 일체화시킨 것이다.

레시피_ p.120

가루 상태이므로 보통의 아이스크림보다
쉽게 녹아서 다른 파트와 잘 섞인다.

소르베와 장미꽃잎에 액체질소를 부으면
하얀 연기가 테이블을 뒤덮는 환상적인 프레젠테이션.

Rhum raisin

럼레이즌
(북유럽의 겨울 이미지)

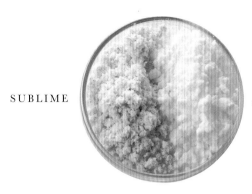

액체질소와 말토섹, 2가지 파우더소스로 눈 덮인 산을 표현

SAUCE   **화이트초콜릿 스노, 바닐라 말토섹**

RECETTE   화이트초콜릿을 액체질소로 얼려서 파우더 상태로 만든다.
바닐라 향이 밴 오일에 말토섹을 넣어 파우더 상태로 만든다.

CONCEPT   특별한 맛이 없는 파우더로 볼륨감을 키워서 디자인 효과를 높인다.
아무 맛도 없고 향만 은은하게 느껴지는 색다른 맛을 보여준다.

럼레이즌(럼에 재운 건포도) 아이스크림과 바나나 퓌레가 보이지 않을 정도로 화이트파우더를 듬뿍 뿌리고, 작은 머랭과 코코아 반죽을 묻힌 처빌 가지를 장식한다. 덴마크의 아름다운 설산을 표현한 요리. 알아보기 힘들지만 실제로는 2종류의 화이트파우더를 뿌렸다. 하나는 화이트초콜릿 소스를 액체질소로 얼린 아이스크림이고, 또 하나는 바닐라오일에 말토섹을 넣어 파우더 상태로 만든 것이다.

바닐라오일 파우더를 입에 넣으면 바로 녹아서 그 향만 여운으로 남는다. 아무 맛도 없는 것이 포인트. 화이트초콜릿 아이스크림을 이 정도의 양으로 사용하면 너무 달기 때문에, 바닐라오일 파우더를 함께 사용하여 맛에는 전혀 영향을 주지 않으면서 원하는 비주얼로 완성하였다.

모양은 존재하지만 먹으면 아무 맛도 느껴지지 않는 것이 바닐라오일 파우더의 신비한 매력이다.

레시피_ p.122

화이트초콜릿 소스를 에스푸마에 넣은 뒤 액체질소 안에 짜 넣고 으깨면, 가볍고 사각사각한 파우더가 된다.

파우더 안에는 럼레이즌 아이스크림과 바나나 퓌레가 숨어 있다. 화려한 겉모습과는 또다른 강력한 맛.

ESqUISSE
Lionel Beccat

레스토랑 **ESqUISSE**의 리오넬 베카가 연출하는

창조적인 요리와
표현하는 소스

예술적인 플레이팅으로 사람들의 마음을 사로잡는
리오넬 베카의 요리는, 언뜻 보면 「직감적」이다.
고정관념에 얽매이지 않고 자유로운 감성으로 만들었다고 생각하기 쉽다.
하지만 베카 셰프는 모든 요리에는 반드시 규칙이 있다고 말한다.
그가 특히 중요시하는 것은 「요리를 통해 무엇을 표현하고 싶은가」이다.
색과 형태를 자유롭게 변화시킬 수 있는 소스는
원하는 세계를 표현하는 데 가장 유용한 파트이다.
오픈 반 년 만에 미쉐린 2스타를 획득, 단숨에 최고 셰프의 자리에 올라선
베카 셰프에게 새로운 요리를 창조하기 위한 과정을 들어본다.

일할 때의 3가지 규칙

손님에게 요리의 콘셉트를 이야기하는 일은 거의 없습니다.
다만 요리를 먹는 사람들이 「무엇」인가를 느끼는 요리를 만
들고 싶다고 항상 생각합니다. 여기서 「무엇」은 그 요리를 먹
는 사람의 경험과 추억, 그날의 기분에 따라 달라집니다.
새로운 요리가 완성되기까지의 과정을 크게 3단계로 분류합니
다. 이 3단계가 모두 갖춰지지 않으면 무엇을 만들고 싶은지 알
수 없는 요리가 되어버립니다. 반대로 이 3가지 과정이 완벽하
면, 조금 여유를 부려도 일관성 있는 요리가 완성됩니다.

1. 기본 Les fondations

프렌치요리를 만들기 위한 기초 기술을 말합니다. 모든 셰프
가 기본적으로 갖고 있으며, 실제로 요리를 만들 때 필요한 선
택지, 다시 말해 「다양한 지식과 경험」이라고 할 수 있습니다.
예를 들면 「향은 충분히 남기면서, 조직이 파괴될 때까지 익
히고 싶다」라고 생각했을 때, 마치 컴퓨터처럼 요리법을 취사
선택하여 산출하는 능력을 말합니다.
재료를 보면 생각하지 않아도 저절로 움직일 수 있을 정도로,
기술을 완벽하게 터득하는 것이 새로운 요리를 만들기 위한
대전제입니다. 이런 능력이 없으면 원하는 요리를 만들 수 없

습니다. 또한 훈련을 통해 능력이 녹슬지 않도록 항상 갈고 닦
아야 요리의 폭이 넓어집니다.

3. 해방 L'évasion

2단계는 소스와도 관계된 가장 중요한 과정인데, 일단 2단계
는 건너뛰고 마지막 3단계에 대해 먼저 이야기하겠습니다.
3단계는 순수한 창조성입니다. 예술적이며 직감적인 과정으
로, 자유롭게 요리의 모양을 만드는 것입니다. 요리에서 겉으
로 보이는 부분인 「플레이팅」이라고도 할 수 있습니다. 여기
서 주의할 것은 「자유」는 이 마지막 단계에만 해당된다는 것
입니다.

2. 개인적 콘셉트 Les concepts intimes

1단계와 3단계를 연결하는 역할을 하는 2단계입니다. 「이 요리에서 무엇을 표현하고 싶은가」를 정하고, 요리의 방향성을 결정하는 가장 중요한 단계입니다.

이 3가지 단계를 건축가의 일에 비유해봅시다.

먼저 원하는 집을 만들기 위한 기술적인 부분. 이것이 1단계인 기본에 해당합니다. 벽의 색깔, 지붕의 모양 등 집을 어떤 모습으로 완성할 것인지는 3단계인 창조성입니다. 그렇다면 구체적으로 어떤 집을 만들고 싶은지 결정해야 합니다. 남프랑스스타일의 밝고 개방적인 공간을 만들지, 일본 스타일의 차분한 공간을 만들지 등. 그리고 이런 콘셉트를 실현하기 위해 어떤 설계를 해야 할지도 고민해야 합니다. 이처럼 집 전체의 이미지를 결정하는 근간이 되는 것이 바로 2단계입니다.

소스가 요리의 주제를 결정한다

나에게 있어서 소스는 2단계에 해당되는 작업입니다. 맛, 색깔, 모양을 자유롭게 변화시킬 수 있는 소스는 자신이 그리는 이미지를 구체적인 형태로 완성하는 수단으로, 가장 유용한 존재입니다.

예를 들어 뒤에서 소개하는 전채요리인 「연장」은 엔다이브로 꽃을 표현한 요리입니다. 이 요리의 출발점은 「엔다이브가 꽃처럼 보인다」라는 단순한 발견에서부터 비롯되었습니다.

가장 꽃처럼 보이게 만드는 방법은 1단계인 기본에 달려 있습니다. 그리고 「대지의 에너지를 모아서 힘차게 꽃을 피운다」라는 스토리를 정하고, 그것을 맛을 통해 구체적으로 표현하는 것이 2단계이며 소스의 역할입니다.

요리 이외의 분야에서 영감을 얻는다

2단계의 콘셉트는 요리 이외의 분야에서 영감을 많이 얻습니다. 기하학, 생물학, 생태학, 천문학, 건축학, 문학, 항해술 등, 인류가 갈고 닦은 지혜를 나름대로 고찰하고, 그 학문에 존재하는 규칙성을 요리에 적용합니다. 제대로 관찰하고 연구해서 규칙을 발견해야 하며, 이 단계는 단순하고 즉흥적인 사고만으로는 결코 이루어질 수 없습니다.

그러나 콘셉트가 결정되면 다음은 그에 맞는 기술을 총동원하기만 하면 되므로, 중심에서 벗어나지 않고 매우 심플하며 알기 쉬운 맛이 완성됩니다.

자유로운 규칙을 추구한다

나의 요리는 종종 「상식에 얽매이지 않는다」라고 표현됩니다. 하지만 요리하는 사람은 아무것도 없는 제로 상태에서 새로운 개념을 만들 수 없습니다. 다른 분야를 고찰하여 발견한 규칙성을 요리에 적용하고, 자신의 세계관을 확대해 나가는 것이 정체성으로 연결되는 것입니다.

이 책에서 소개하는 코스요리에는 전체적인 테마로 「자유로운 규칙」이라는 이름을 붙였습니다. 자유와 규칙은 상반된 개념이지만, 자유 속에도 규칙이 있고 규칙 속에서도 자유를 발견하고 싶다는 마음을 담은 것입니다.

모차르트와 에디슨이 그랬던 것처럼 위인들은 전문분야 외에도 매우 폭넓은 분야에 흥미를 가졌습니다. 그런 의미에서 매장에서 일하는 젊은 셰프들에게 요리에 관한 것만 생각하지 말고 가와바타 야스나리[川端康成, 1968년 노벨 문학상 수상자]의 책을 읽거나, 좋은 음악을 많이 들을 것을 권하곤 합니다. 예술을 접하는 것은 상상력을 키우는 훈련이 되기 때문입니다.

그렇게 해서 자기 자신의 흥미를 요리에 투영하고, 자신만의 독자적인 세계관을 구축해 나가길 바라는 마음입니다.

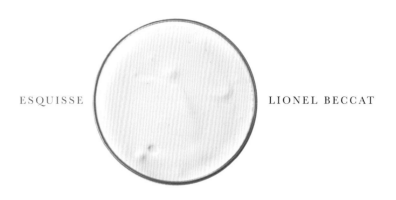

ESQUISSE   LIONEL BECCAT

L'INVERSION
역전

SAUCE 부라타 에멀션 리에종
RECETTE 부라타 치즈를 마요네즈와 올리브오일로 유화시킨다.

주재료인 화이트 아스파라거스를 부라타 소스로 덮어서 감추고, 패션프루트와 미소를 넣은 발효 마리네이드액에 절인 콜리플라워를 장식하였다. 아스파라거스는 식감을 살리면서 최대한 촉촉하게 만들어서 씹으면 즙이 입안 가득 퍼진다.

「아스파라거스 요리」라고 알고 먹는 사람은 아스파라거스의 맛을 생각하지만, 먹어보면 아스파라거스의 수분에 의해 부라타 치즈의 부드러운 맛, 발효 콜리플라워의 향, 패션프루트의 신맛이 입안에 퍼져나간다. 소스 역할은 사실 아스파라거스이며, 소스로 사용한 부라타 치즈야말로 진짜 주인공이다.

스토리를 마지막에서 처음으로, 거꾸로 보여줘서 참신했던 영화 「메멘토(2000년, 미국)」에서 영감을 얻어 만든, 트롱프뢰유(속임수 그림) 같은 요리.

레시피_ p.123

부라타는 모차렐라에 생크림을 넣은 프레시 치즈. 60%가 지방이므로 오일과 섞어도 잘 분리되지 않아 매우 부드러운 소스가 된다.

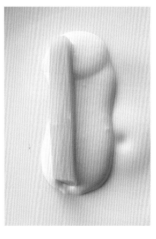

부라타 소스로 메인 재료인 아스파라거스를 덮어, 시각적으로도 트릭을 쓴다.

L'ALLÉGORIE DE L'ŒUF
달걀의 알레고리

SAUCE   셀러리 풍미의 말고기 콩소메
RECETTE   말고기 콩소메에 셀러리 잎을 넣어 향이 배게 한다.

셀러리 향이 밴 말고기 콩소메 속에 굴과 말고기를 순무로 말아서 띄웠다. 이 2가지가 표현하는 것은 달걀흰자와 노른자이다.

달걀노른자는 단백질과 지방으로 이루어져 있으며, 달걀흰자의 주성분은 80%의 수분과 20%의 단백질이다. 바다와 육지를 대표하는 양질의 단백질인 굴과 말고기를 사용해서 접시 안의 영양성분이 달걀과 같은 비율이 되도록 요리를 조합했다. 달걀과는 전혀 다른 맛이지만, 맛이 응축된 느낌, 목넘김, 그리고 진하고 감칠맛 나는 뒷맛이 신기하게도 달걀을 연상시킨다.

「생명의 원천」, 「모성의 상징」, 「우주적 존재」인 달걀에 대한 오마주.

레시피_ p.124

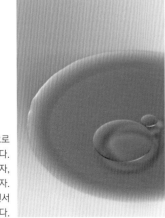

수분 위에 뜬 지방으로
달걀의 성분을 표현했다.
수분은 달걀흰자,
지방은 달걀노른자.
이 이미지를 생각하면서
요리를 조합한다.

슬라이스한 순무로
생굴, 말고기 슬라이스,
셀러리 마요네즈를
말았다. 위에 장식한
팔삭(귤의 일종)
알갱이의
강렬한 신맛이 악센트.

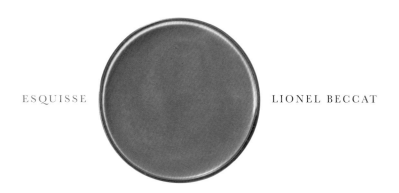

UN PROLONGEMENT
연장

SAUCE 그린 소스

RECETTE 양송이로 만든 베이스에 파슬리 퓌레, 시금치 퓌레, 미나리 뿌리, 흑마늘 페이스트, 트뤼프(트러플) 즙을
넣고 버터를 섞는다.

부제는 「겨울꽃」이다. 꽃을 보기 힘든 계절에도 아름다움을 가까이 느끼고 싶다는 마음으로, 접시 위
에 엔다이브로 만든 꽃을 피웠다.

빛바랜 녹색을 띤 소스는 양송이를 베이스로 시금치, 미나리 뿌리, 흑마늘, 트뤼프를 섞은 것이다. 고운
체에 내리지 않아 섬유질이 남아 있고, 흙내와 알싸한 쓴맛이 응축된 농후한 맛이다. 소스와 엔다이브
가 잘 어우러지도록 엔다이브 아래쪽에 머위 페이스트를 채웠다.

봄을 맞이하기 전 양분이 축적된 대지와 그 양분을 꽃으로 보내는 뿌리. 눈으로 살짝 덮인 대지의 강력
한 힘이 느껴지게 완성하였다.

「꽃 아래에는 어떤 세계가 존재할까」

보이지 않는 뿌리와 대지가 자연스럽게 떠오르는, 상상력을 자극하는 요리이다.

레시피_ p.125

달걀노른자와
헤이즐넛을 섞은 고소한
머위 페이스트를
엔다이브 사이에
채워 넣었다.

소스에는 미나리 뿌리를
다져 넣는다.
뿌리의 흙내가 요리의
이미지를 잘 살려준다.

ESQUISSE   LIONEL BECCAT

TROU NOIR
블랙홀

SAUCE 응축시킨 성대 쥐

RECETTE 성대로 만든 쥐에 펜넬과 팔각 등의 채소와 허브를 넣어 응축시키고, 성대 간과 헤이즐넛오일을 섞는다.

우주과학자들도 블랙홀에 대해서는 아직 아무것도 설명하지 못한다. 주변의 모든 것을 삼키고 빛조차
도 탈출할 수 없는 칠흑 같은 공간은 매혹적인 아름다움이 있는 신비한 존재이다.
그런 이미지를 표현한 것이 옅은 색 접시 안에서 한층 더 눈에 띠는 짙은 색 소스이다. 성대 쥐와 간을
베이스로, 접시에 플레이팅한 모든 파트의 식재료를 넣어 놀라울 만큼 응축된 맛으로 완성하였다.
가볍고 촉촉하게 완성한 생선과 채소는 농후한 소스에 사정없이 빨려 들어가 소스의 맛을 살려주는
존재로 변해버린다. 이것은 소스 중심의 요리이다.
재료들이 빙글빙글 원을 그리면서 점점 블랙홀을 향해 빨려 들어가는 모습을 묘사했다.

레시피_ p.126

푸드밀을 사용해
액체를 거른다.
조직을 으깨면
감칠맛이 응축되므로
믹서를 사용했을 때와는
다른 맛이 난다.

충분히 걸쭉하게 만들어 텍스처에서도
농후함이 느껴진다.

L'ALIGNEMENT
결합

SAUCE	건초 우유 에멀션 소스, 송아지 쉬크
RECETTE	건초 향이 밴 우유에 아마레토와 버터를 넣어 거품을 낸다.
	송아지 어깨살과 향미채소를 볶다가 퐁 드 보를 넣고 수분이 없어질 때까지 졸인다.

2개의 가는 곡선이 서로 가까워지다가 마지막에는 두꺼운 1개의 선으로 융합된나. 기하학적인 이미지는 웬지 시적이고 스토리도 느껴진다. 섬세한 재료의 경우 수분을 빼서 맛을 응축시키면 풍미와 식감이 떨어지는 경우가 많다. 그런 경우 이 이미지처럼 섬세한 파트끼리 겹쳐서 맛을 표현한다.

송아지고기라는 재료를 1개의 선으로 보면 거기에 더해질 다른 1개의 선은 소스이다. 건초를 담가 은은하게 향이 밴 우유 거품, 송아지고기를 볶아서 감칠맛을 응축시킨 미소 같은 식감의 쉬크를 각각 곁들인다. 구운 송아지고기를 칼로 썰면 쥐가 빠져나와 거품과 쉬크에 섞여서 촉촉하고 일체감 있는 요리가 완성된다.

송아지가 먹는 우유와 우유를 만들기 위해 어미소가 먹는 건초, 이 2개의 선이 만나 목가적인 풍경이 그려진다.

레시피_ p.128

따뜻한 우유에 건초를
2시간 정도 담가놓고
은은한 향이 배게 한다.

모든 소스에는
수분이 거의 없다.
송아지 쥐를 더해
하나의 소스로 완성한다

Purée
Sauce

채소와 과일 퓌레가 베이스인 소스

「건강」이 중요한 가치가 된 요즘, 채소와 과일 퓌레는
레스토랑 요리에서 빼놓을 수 없는 존재가 되었다.
채소와 과일 퓌레를 베이스로 만드는 소스 역시 활용 범위가 넓어지고 있다.
매끄러운 식감의 퓌레는 채소와 과일을 그대로 먹을 때보다
입안에 머무는 시간이 길어서, 재료가 가진 고유의 맛을 한층 강하게 느낄 수 있다.
또한, 지방을 넣지 않아도 재료 자체의 점성 때문에 매끄러운 식감으로
완성되는 경우가 많아 요리를 가볍게 만들어주는 효과도 크다.
「물 요리(Cuisine à l'eau)」로 프렌치요리계에 혁명을 일으킨
베르나르 루아조(Bernard Loiseau) 셰프가 채소 퓌레를
리에(소스의 농도를 조절하거나 걸쭉하게 만드는 것)해서 소스를 완성한 것처럼,
채소와 과일 퓌레에는 아직 발견하지 못한 새로운 활용법이 많이 존재한다.
열정 가득한 셰프들이 알려주는, 획기적인 퓌레 사용법을 알아보자.

Chevreuil, bortsch, pirojki

사슴고기, 보르시, 피로시키

강렬한 신맛으로
입속 수분을 증가시켜 소스를 완성한다

SAUCE   카시스 퓌레
RECETTE   카시스 퓌레에 겔에스페사를 넣는다.
CONCEPT   신맛이 침 분비를 촉진시킨다.
                  모든 재료를 같이 입에 넣고 입안에서 보르시를 완성한다.

슬라이스한 뿌리채소 샐러드, 사워크림, 구운 고기 등 심플한 파트를 겹쳐 올려서, 러시아의 대표적인 수프요리 보르시를 표현하였다.

소스는 걸쭉한 농도의 카시스 퓌레. 액체 파트는 없지만 먹으면 수프를 먹는 듯 촉촉하다. 그 비결은 카시스의 신맛에 있다.

신맛을 느끼면 입안에서는 「반사성 타액분비」라는 반응으로 타액이 한꺼번에 분비된다. 이런 반응을 이용하여 입속 수분량을 증가시켜 소스를 완성하는 것이다. 또한 뿌리채소와 사슴고기도 재료의 수분이 날아가지 않도록 촉촉하게 요리한다.

그리고 카시스 퓌레와 사워크림으로 그린 점 사이사이에 배치한 생화이트카시스도, 카시스 퓌레 이상의 강렬한 신맛으로 입속 수분량을 한꺼번에 증가시켜 맛의 악센트가 된다.

레시피_ p.129

증점제 「겔에스페사(SOSA)」는 열을 가하지 않아도
점성이 생기기 때문에 신선한 맛과 향이
살아 있는 상태로 농도를 조절할 수 있다.

곁들이는 빵은 러시아식 튀김만두
피로시키 스타일로 만든 것이다.
사슴고기 라구를 채운
브리오슈를 구운 뒤 튀긴다.

Carré d'agneau rôti en croûte d'herbes,
parfumé au thym
허브 버터를 곁들인 램 로스트

고기와 잘 어우러지도록
퓌레를 빵가루로 고형화시킨다

SAUCE **크루트 데르브, 쥐 다뇨**
RECETTE 파슬리 퓌레에 빵가루와 버터를 섞는다.
CONCEPT 빵가루로 퓌레를 고형화시켜서 고기와 잘 어우러지게 만든다.
지방성분으로 파슬리의 쓴맛과 청량한 느낌을 강조한다.

요리를 산뜻하게 완성하고 싶을 때 신맛이 아니라 쓴맛이 있는 소스로 악센트를 주는 것이 사사키 셰프의 스타일이다. 고급 레스토랑이라면 와인과 요리의 궁합을 무시할 수 없다. 신맛을 살리면 아무래도 조합할 수 있는 와인이 한정되지만, 쓴맛이라면 숙성된 와인과도 잘 어울리기 때문에 마리아주의 범위가 넓어진다.

쥐 다뇨와 조합한 것은 파슬리버터에 빵가루를 넣어 고형화시킨 페르시야아드(빵가루, 다진 마늘, 다진 파슬리를 동량으로 섞은 것)를 응용한 소스이다. 열에 의해 버터가 녹아도 빵가루가 버터를 흡수하여 모양이 유지되기 때문에, 고기와 함께 먹기 좋은 것이 장점이다. 또한 버터의 지방에 의해 입안에 맛과 향이 오래 머무르고, 빵가루를 입혀서 굽는 것보다 파슬리의 쓴맛과 청량함이 잘 느껴진다. 파슬리는 로보쿠프로 갈아 퓌레 상태로 만들어서 매끄럽게 완성한다.

이 소스는 파슬리의 신선도가 생명이다. 신선도가 떨어지면 색이 검게 변하고 향도 날아가 버리므로, 파슬리가 매장에 도착하면 1초라도 빨리 요리하는 것이 중요하다.

레시피_ p.130

신선할 때 로보쿠프로 갈면 색깔이 고운 퓌레가 된다.　　만든 다음 바로 밀어서 냉동시켜 신선한 상태를 유지한다.

콜리플라워 퓌레의
점성과 내열성을 이용한다

SAUCE 간과 콜리플라워 크림
RECETTE 콜리플라워 퓌레에 익힌 은어 간을 넣는다.
CONCEPT 뜨거운 은어 위에 짜도 녹아내리지 않고 모양을 유지한다.
특별한 맛이 없는 채소 퓌레로 간의 쓴맛만을 강조한다.

춘권피로 싸서 튀긴 은어 위에, 간을 넣어 쓴맛이 강한 크림 상태의 소스를 짠다. 소스의 베이스는 콜리플라워 퓌레. 생크림만으로 만들면 은어의 열로 소스가 분리되지만, 채소 퓌레를 사용하면 내열성이 높아져서 춘권의 바삭한 식감을 잃지 않고 같이 먹을 수 있다. 또한 생크림을 그대로 섞는 것보다 퓌레로 만들어서 넣는 편이 맛이 약해지지 않아 간의 쓴맛을 직접적으로 느낄 수 있다.

퓌레에 사용하는 채소는 간의 맛을 방해하지 않는 담백한 맛으로 골라서, 수분이 너무 많지 않고 매끄러운 식감으로 완성해야 한다. 또한 간을 섞어도 색깔이 탁해지지 않는 것도 중요하다. 콜리플라워 이외에 셀러리악으로도 같은 효과를 낼 수 있다.

메인 소스 외에 소스 아메리케느(바닷가재 소스), 졸인 발사믹 비네거, 액체질소로 얼린 여뀌잎을 곁들였다. 이 소스들은 딥처럼 취향에 맞는 것을 찍어서 다양하게 즐기면 된다.

레시피_ p.131

간을 익힌 뒤 뜨거울 때 콜리플라워 퓌레에 넣고
고운체에 내려서 매끄럽게 만든다.
식으면 간이 잘 섞이지 않아 식감이 나빠진다.

여뀌잎은 조직이 단단해서 잘게 다져도
식감이 좋지 않다. 액체질소로 얼려서 조직을 파괴하면
그대로 먹어도 부드럽다.

Turbot sauvage poêlé, blettes,
gniocchis et asperges, coulis de citron jaune
레몬 쿨리와 제철채소 그리예, 광어 푸알레

유화로 레몬의 쓴맛과 신맛을 부드럽게 만든다

SAUCE 쿨리 드 시트론
RECETTE 레몬을 조려서 페이스트로 만들고 올리브오일로 유화시킨다.
CONCEPT 유화로 부드럽게 만들어서 재료의 담백한 맛을 살린다.
단시간에 조려서 선명한 색깔로 보기에도 청량한 느낌을 살린다.

시럽으로 조린 레몬 콩피는 단맛과 향이 매우 뛰어나지만, 지나치게 쓰거나 신맛 때문에 담백한 흰살 생선의 맛을 손상시킬 수 있다.

그래서 레몬 콩피를 페이스트로 만들고 마요네즈처럼 올리브오일로 유화시켜, 수분 주위에 오일막을 형성하여 부드러운 맛으로 완성하였다. 견과류 풍미의 화이트와인부터 샴페인까지 다양한 와인과 잘 어울려서 어디에나 활용하기 좋은 소스이다.

레몬은 물을 적게 넣고 단시간에 조린다. 검게 변하기 전에 완성해야 첨가물을 넣지 않아도 선명한 색이 나고, 풍미를 잃지 않아 산뜻하게 즐길 수 있다.

쓴맛을 최대한 줄이기 위해 껍질 안의 흰 부분과 알맹이에 붙어 있는 흰 껍질을 완전히 제거하면 좀 더 부드러운 맛으로 완성된다.

레시피_ p.132

15분 정도 조린다. 단시간에 조려야   적당히 걸쭉해지면 재료와 잘 버무려진다.
색이 변하지 않고 선명하게 완성된다.

Agneau, polenta, pain pita
양고기, 폴렌타, 피타빵

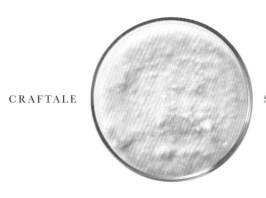

옥수수 퓌레를 넣은 폴렌타는
각 파트를 연결한다

SAUCE   폴렌타
RECETTE 폴렌타에 옥수수 퓌레를 넣고 리코타 치즈로 맛을 조절한다.
CONCEPT 폴렌타 특유의 강한 점성으로 조린 고기와 구운 고기에 일체감을 만든다.

곁들이는 요리로 많이 사용하는 폴렌타. 강한 점성을 살리면 각각의 재료를 이어주는 소스로 이용할 수 있을 거라고 생각한 오쓰치하시 셰프는, 옥수수 퓌레와 치즈로 폴렌타 자체에 감칠맛을 더하고 베르가모트 오일을 뿌려서 리치한 맛으로 완성했다.

폴렌타와 램 조림을 함께 스푼으로 떠서 램찹이나 과카몰리와 같이 입에 넣는다. 램 조림만으로는 점성이 부족하여 요리 전체의 일체감이 떨어지지만, 폴렌타 때문에 각각 파트가 잘 연결된다. 또한 양젖으로 만든 리코타 치즈를 마무리로 넣어서 맛도 잘 어우러진다.

곁들이는 빵은 적양배추 마리네, 튀긴 가지, 병아리콩 페이스트를 채워 넣은 팔라펠(병아리콩을 으깨 만든 작은 경단을 납작한 빵과 함께 먹는 중동지방 음식) 샌드위치 스타일로 만든다. 고기를 조릴 때도 하리사(고추와 오일로 만드는 북아프리카의 소스) 등의 향신료를 사용해서 아랍 스타일로 완성하였다.

레시피_ p.134

양젖으로 만든 리코타
치즈를 소금에 절여서
말린 「리코타 몬텔라」.
냄새가 적고
양젖의 단내가
은은하게 느껴진다.

리코타 몬텔라를
마무리로 넣어서
맛을 낸다.

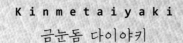

SINCÈRE   SHINSUKE ISHII

정통기법으로 토마토 소스에
중후함을 더한다.

SAUCE 　토마토 버터 소스
RECETTE 　방울토마토 퓌레에 버터를 많이 넣고 녹인다.
CONCEPT 　이탈리안요리와는 전혀 다른, 프렌치요리에 어울리는 토마토 소스 활용법을 제안한다.
　　　　　잘 사용하지 않는 무거운 소스를 현대적으로 응용하여 정통기법의 장점을 재확인한다.

이탈리안의 이미지가 강한 토마토 소스를 프렌치요리에 어울리게 만들고 싶었다는 이시이 셰프가 선택한 것은 전통적인 뵈르 블랑 기법이다.

버터가 많이 들어가기 때문에 가벼운 맛을 추구하는 최근에는 많이 사용하지 않지만, 중후한 맛을 내기에 안성맞춤인 소스이다.

만드는 방법은 매우 심플하다. 뵈르 블랑의 베이스로 사용하는 화이트와인과 비네거를 토마토 퓌레로 대체하고 버터로 몽테한다. 토마토는 일반 토마토가 아닌 방울토마토를 사용하고 에샬로트와 양파는 넣지 않는다. 방울토마토 특유의 신맛을 살려서 버터를 많이 넣어도 그다지 무거운 느낌이 없으며, 알맞게 진하고 크리미한 맛을 즐길 수 있다.

흰살생선과 가리비 무스, 금눈돔을 채워 넣은 파테 앙 쿠르트(파이 크러스트에 여러 가지 소를 채워 구운 것)를, 우리나라 붕어빵을 닮은 다이야키[鯛焼き] 모양으로 구워서 소스의 바다에 띄운다. 대중적인 겉모습과는 달리 농후하며 클래식한 맛이다.

레시피_ p.133

퓌레와 버터를 거의 같은 비율로 사용한다.
이렇게 버터를 많이 넣어도 방울토마토의
신맛으로 인해 맛이 깔끔하다.

종이봉투 모양의 그릇에 담아내면 재미있는
프레젠테이션으로 손님을 매료시킬 수 있다.

Boudin noir à la mont-blanc
몽블랑 크림을 얹은 부뎅 누아 타르트

MONOLITH   GO ISHII

우아한 비주얼과
강한 맛의 의외성

SAUCE   몽블랑 크림, 레드와인 초콜릿 소스
RECETTE 마롱 페이스트에 생크림, 버터, 럼주를 섞는다.
            레드와인과 퐁 드 보를 졸이고 초콜릿과 코코아를 넣는다.
CONCEPT 프레젠테이션으로 참신함을 노린다.
            매끄러운 크림으로 부뎅 누아의 농후한 맛을 강조한다.

돼지 피를 넣은 부뎅 누아 타르트에 몽블랑 크림을 덮고 꾀꼬리버섯과 누에콩으로 장식하였다. 뷔슈 드 노엘의 이미지로 만든 요리.

소스는 몽블랑 크림과 레드와인 베이스의 살짝 쌉쌀한 맛의 초콜릿 소스이다. 단맛이 강한 몽블랑 크림을 요리에 사용하는 것은 놀라운 발상이지만, 밤과 부뎅 누아의 궁합이 좋다는 것을 생각하면 의외로 안심할 수 있는 맛이다. 밤을 그대로 넣는 것보다 크림 상태의 소스로 넣는 편이 부뎅 누아의 농후한 맛을 강조할 수 있다.

초콜릿을 사용한 소스도 피를 사용한 요리와 궁합이 좋다. 고전적인 2가지 조합을 더하여 디저트 같은 구성이면서도, 프렌치요리에 어울리는 정통적인 맛으로 완성하였다. 우아한 겉모습과 달리 거칠고 강한 맛에서 느껴지는 차이가 재미있다.

레시피_ p.136

부뎅 누아 위에 몽블랑 깍지로 크림을 짜서
디저트같은 모습으로 완성한다.

돼지 족발, 혀, 귀를
넣은 부뎅 누아는
식감이 좋으며,
맛은 강하고 거칠다.

Dessert
Sauce

디저트 소스

지금까지의 디저트 소스는 앙글레즈 종류, 초콜릿 종류, 과일 종류, 캐러멜 종류 등
4가지 패턴을 기본으로, 응용 방법을 생각하는 것만으로도 충분했다.
그러나 요즘 셰프들은 요리용 소스와 마찬가지로 디저트 소스에도
자유로운 발상과 새로운 기술을 적용하여 그 범위를 넓혀가고 있다.
그중에서도 가장 중요하게 여기는 것은 온도와 프레젠테이션에 의한
「놀라움」의 표현이다. 먹는 사람도 디저트에서는
요리 이상의 놀라움과 즐거움을 원한다. 소스의 개념자체를 파괴하는 듯한
전위적인 실험이 가능한 것도 디저트의 특권이다.
이 책에서는 냉동시켜 고형화한 소스로 본체를 숨긴 디저트,
보이지 않게 감춘 무스 상태의 소스가 주인공인 디저트,
베지터블 증점제를 씌워서 액체 소스를 본체 속에 숨긴 디저트 등 3가지를 소개한다.
모두 소스의 효과를 최대화하는, 미스테리어스하고 의외성이 풍부한
프레젠테이션을 향한 도전이다.

Yomogi et hyuganatsu
avec crumble et parfumé de sake
쑥과 휴가나쓰

Yomogi et hyuganatsu
avec crumble et parfumé de sake
쑥과 휴가나쓰

SINCÈRE   KEISUKE OYAMA

소스는
주인공이면서 조연이다

SAUCE   사케 사바용 무스
RECETTE   사케로 만든 사바용 소스에 생크림을 넣는다.
CONCEPT   입안에 오래 머무르면서 쑥과 휴가나쓰 맛을 고루 퍼뜨리고 여운을 남긴다.

사케 베이스의 사바용 무스, 휴가나쓰(미야자키에서 생산되는 여름 귤) 커드, 휴가나쓰 마멀레이드, 휴가나쓰 마리네 등을 액체질소로 얼린 쑥아이스로 덮어서 숨겼다. 가장 많은 부분을 차지하는 것은 사바용 무스이지만, 중심은 휴가나쓰의 쌉쌀한 맛과 쑥의 향이다. 사바용 무스의 목적은 맛이 아니라 식감에 있다.

무스 상태로 만들면 입안에 머무는 시간이 자연스럽게 길어지므로, 휴가나쓰와 쑥의 맛을 충분히 퍼뜨려서 여운을 남길 수 있다. 사바용 자체의 맛은 강하지 않고 다른 재료의 맛을 돋보이게 하는 역할에 충실해야 한다. 또한 휴가나쓰와 쑥 자체도 각각 입에서 잘 녹게 만들기 때문에 서로가 서로에게 소스 역할을 한다.

사바용에 와인 대신 사케를 사용하여 은은한 사케향으로 다른 일식재료와의 일체감을 높였다.

레시피_ p.137

휘핑한 생크림에
70℃로 데운 사바용
소스를 넣는다.
젤라틴으로
굳기 정도를 조절하여
입안에서 잘 녹고 찰진
식감으로 만든다.

부드러운 파트만으로
이루어져 있으므로,
호밀 크럼블로 식감에
악센트를 준다.

Rose rapsberry

장미 , 라즈베리

소스로 3가지 파트를 숨겨서 깔끔하게 플레이팅한다

SAUCE   장미 비네거 디스크

RECETTE   장미향이 밴 비네거로 무스를 만들고 얇게 펴서 얼린다.

CONCEPT   얼리면 자유롭게 모양을 만들 수 있으므로 세련된 디자인으로 완성한다.
                     온도를 낮춰서 유지방이 잘 느껴지지 않는 가벼운 맛으로 완성한다.

장미와 라즈베리의 조합으로 강렬한 향과 신맛이 생긴다. 호불호가 갈리는 강한 개성을 부드럽게 완화시켜주는 것이 장미 비네거 디스크의 역할이다. 「재료와 재료를 연결하는 것이 소스의 역할」이라고 생각하는 가토 셰프에게는 이 디스크야말로 참다운 소스인 것이다.

장미꽃잎을 비네거에 담가 향이 배게 하고 생크림과 섞어서 무스를 만든다. 이것을 얇게 펴서 냉동한 뒤 동그랗게 찍어낸 것이 장미 비네거 디스크이다. 냉동의 가장 큰 장점은 원하는 대로 모양을 성형할 수 있다는 것이다. 장미 비네거 디스크로 다른 파트를 숨기면 깔끔한 디자인으로 플레이팅할 수 있고 비밀스러운 느낌을 준다.

장미 비네거 디스크는 두께가 얇아서 입안에 넣자마자 바로 녹아 다른 파트와도 잘 어우러진다. 또한 차갑기 때문에 유지방의 묵직한 느낌을 가볍게 만들어줘서 산뜻하게 먹을 수 있다.

레시피_ p.140

사과 비네거에 장미를 1주일 동안 재워서 향이 배게 한다. 「프란시스 뒤브레이유 (Francis Dubreuil)」 등 향이 강한 품종이 적당하다.

디스크를 들추면 장미와 마스카르포네 크림, 라즈베리 소르베, 신선한 라즈베리가 숨어 있다.

Schwarzwälder kirschtorte
chocolat, cerise, kirsch
슈바르츠밸더 키르쉬토르테

베지터블 증점제의 막이
파격적인 모양을 만든다

SAUCE   소스 오 스리즈
RECETTE 아메리칸 체리를 베이스로 만든 소스를 얼려서 베지터블 증점제에 살짝 담갔다 뺀다.
CONCEPT 퍼포먼스로 놀라움을 선사한다.
             아이스크림이 천천히 녹아 가벼운 느낌을 준다.

아이스크림만 따로 먹는 것이 아니라, 모든 파트를 하나로 즐길 수 있게 만든 앙트르메 글라세(아이스크림 케이크)이다.

도넛 모양의 앙트르메 글라세 안에 액상 소스를 넣고 초콜릿 디스크를 올려서 가렸다. 액상 소스는 베지터블 증점제로 표면에 얇게 막을 입힌 뒤 굳혀서 녹지 않게 만든다.

쇼콜라 쇼를 위에서 부으면 디스크와 베지터블 증점제가 열에 의해 녹아내려, 안에 있던 액상 소스가 넘쳐흐르게 된다. 베지터블 증점제를 그대로 보여주는 것이 아니라, 장치 요소의 하나로 활용한 좋은 예이다.

보기에 참신할 뿐 아니라 천천히 녹아내린 아이스크림이 소스와 섞여서 반액체 상태로 먹는 것도 새롭다. 아이스크림을 그대로 먹을 때보다 차가운 수프를 먹는 듯한 느낌으로 가볍게 즐길 수 있다.

레시피_ p.138

베지터블 증점제의 녹는점은 65℃.
얼린 소스를 담갔다 빼서 상온에 두면
젤라틴은 굳고 안의 소스는 액체가 되어
물풍선 같은 상태가 된다.

쇼콜라 쇼를 부으면
열에 의해 디스크
중심부분과 베지터블
증점제가 녹아서,
소스가 넘쳐흐른다.

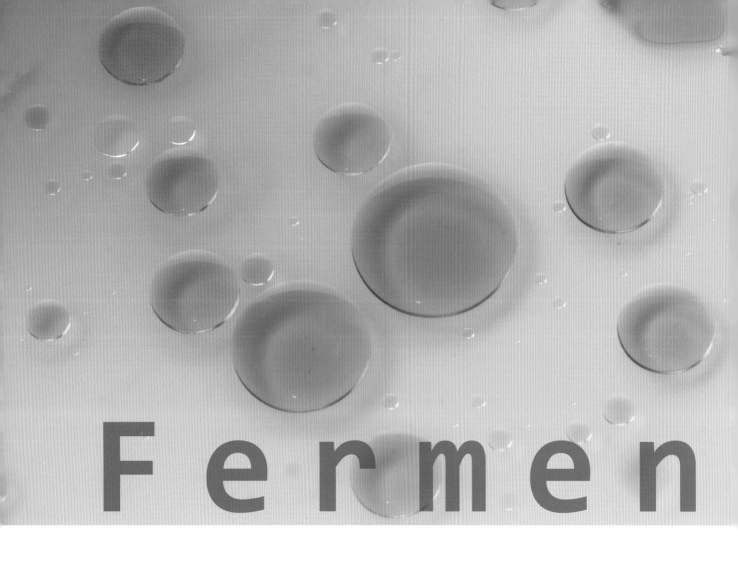

Fermen

Sauce

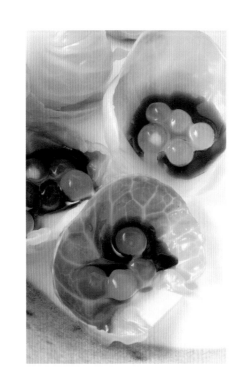

발효 소스

tation

최근 전 세계의 요리인 사이에서는 「발효」가 트렌드이다.
덴마크의 <노마>가 2010년 영국의 『레스토랑 매거진』이 선정한
「세계의 베스트 레스토랑 50」에서 1위를 차지하자 발효를 적극적으로 활용하는
북유럽 스타일의 요리가 관심을 끌게 된 것도 그 이유 중 하나이다.
같은 시기에 일본에서도 소금누룩(누룩에 소금과 물을 넣고 발효시킨 조미료) 붐이
일어났다. 그 후 발효에 의해 생기는 감칠맛이 재평가되고,
발효식품을 조미료로 활용하는 셰프들이 급증하고 있다. 이 책에서는 2명의 셰프가
발효식품을 요리에 사용하는 것이 아니라, 발효 자체를 요리에 도입한 새로운
감각의 소스에 도전하였다. 앞으로 더욱 진화하게 될 최첨단 분야이다.

Jus de fermentation d'oignon,
huiles des herbes, sardine fumé
발효 적양파 농축액, 허브오일, 순간 훈제 정어리

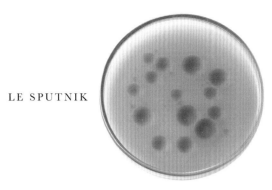

적양파의 매운맛과 향을 살린
신선한 발효액

SAUCE 발효 적양파 농축액
RECETTE 적양파, 소금, 주니퍼베리를 밀봉해서 1주일 동안 발효시킨다.
CONCEPT 발효에 의해서만 나타나는 감칠맛을 심플하게 즐긴다.

「발효의 매력은 가열하지 않아도 맛이 변하는 것」이라고 말하는 다카하시 셰프. 적양파에 소금과 주니
퍼베리를 뿌려 밀봉한 뒤 28℃에서 1주일 두면, 적양파를 닮은 화려한 핑크색 발효액이 만들어진다.
채소가 조미액의 풍미에 물드는 피클에 비해 이 액체에는 적양파의 신선한 매운맛과 향이 잘 살아 있
으며, 소금만으로 만들었다고 생각할 수 없을 만큼 깊은 맛이 느껴진다.
여기서는 이 발효액을 그대로 소스로 활용하고 마리네이드한 정어리와 페코로스, 무화과를 조합하여
새로운 맛을 순수하게 즐길 수 있는 전채요리를 완성하였다. 허브오일을 몇 방울 떨어뜨리면 산뜻한
발효 소스에 감칠맛을 더한다.
발효에 의해 얻을 수 있는 독특한 맛을 앞으로 어떤 요리에 활용할 것인가. 다카하시 셰프가 만들게 될
발효요리의 첫 걸음이 된 의미 있는 요리이다.

레시피_ p.141

1주일 동안 발효시킨 적양파.
신맛이 나면 믹서로 퓌레를 만든 뒤
짜서 액체를 추출한다.

다양한 발효에 대해 연구하고 있다.
왼쪽부터 적양파, 적양배추, 회향.

SUBLIME   JUNICHI KATO

매끄러운 푸딩 같은 식감과
「따스함」이 새롭다

SAUCE 프레시 치즈
RECETTE 생크림과 우유에 렌넷을 넣고, 36~39℃에서 2시간 데운다.
CONCEPT 다른 유제품에서는 불가능한 식감과 온도로 제공한다.

생크림과 우유에 렌넷(치즈를 굳힐 때 사용하는 효소)을 넣고 체온 정도의 중탕으로 2시간 동안 계속해서 데우면 천천히 응고되기 시작한다. 살짝 따뜻하게 느껴지는 온도인데도 매끄러운 푸딩처럼 탱탱하게 굳어서 입에 넣는 순간 녹아내린다. 이 온도와 식감은 매우 새로운 맛으로, 바로 만들었을 때만 맛볼 수 있는 신선함이 생명인 치즈이다. 가토 셰프는 북유럽에서 요리를 배울 때 렌넷 사용법을 익힌 뒤 일본에서도 꼭 다시 만들고 싶었다고 한다.

여기서는 「방금 만든 말랑말랑한 치즈」를 그대로 소스로 사용하였다. 사과 비네거로 만든 타피오카 피클은 신맛으로 부드러운 소스의 맛을 살려준다.

레시피_ p.142

우유를 굳히는 「렌넷」.
주성분은 「키모신」이라는 효소로
예전에는 송아지와 양의 위에서 추출했지만,
현재는 미생물에 의해 만들어진 것이 많다.

온도를 일정하게
유지하면 자연스럽게
굳는다. 논호모 우유
(균질화 가공을 하지
않은 우유)를 사용하면
쉽게 만들 수 있다.

「Amadai」, kouji, quinoa
옥돔, 누룩, 퀴노아

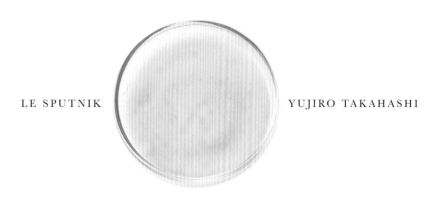

일본 전통의 누룩발효 기술을
프렌치요리에 살린다.

SAUCE   발효 퀴노아 농축액
RECETTE   찐 퀴노아에 누룩균을 뿌리고 발효시킨 뒤 볶아서 물을 넣고 끓인다.
CONCEPT   친숙한 누룩균의 감칠맛을 살려서 일본만의 특별한 프렌치요리를 제안한다.

미소와 간장 등 발효 조미료를 요리에 사용하는 것이 아니라, 일본의 발효기술 자체를 요리에 도입하고 싶었던 다카하시 셰프는 대두 대신 퀴노아에 누룩균을 뿌려 발효시켰다.

27℃에서 4일 정도 발효시키면 표면에 하얀 곰팡이가 생긴다. 이런 상태의 퀴노아를 올리브오일로 볶은 뒤 물을 넣고 끓여서 농축액을 만들었는데, 그러자 단술처럼 단맛과 감칠맛이 생겼다. 오일을 넣고 볶았기 때문에 간장과 같은 구수한 향도 더해져서, 그 자체로 충분히 소스로 사용할 수 있는 맛과 향을 가진 액체가 완성되었다.

볶은 퀴노아도 함께 곁들여서 활용하는데, 쿠스쿠스처럼 보이도록 접시에 깔고 감칠맛이 강한 옥돔 솔방울구이와 조합하여, 어패류 쿠스쿠스로 완성했다.

레시피_ p.143

4일 동안 발효시킨 퀴노아.
더 이상 오래 두면
누룩균이 힘을 잃어 부패된다.

곁들이는 퀴노아는
끓이지 않은 것으로,
한 알 한 알에 발효의
감칠맛이 응축되어 있다.

Fermented mushroom
발효 양송이

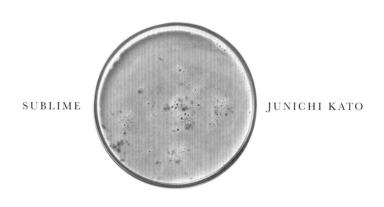

신맛을 날리고,
발효의 감칠맛만 살린다

S A U C E   발효 샹피뇽 블루테
RECETTE   생크림과 버터를 졸이고 발효 샹피뇽 쥐로 묽게 만든다.
CONCEPT   3가지 조리법으로 양송이 맛을 강조한다.

가토 셰프가 예전에 일했던 시즈오카의 레스토랑에서는 매일 아침 갓 딴 샹피뇽(양송이)이 배달되었
는데 그 신선한 맛이 매우 감동적이었다고 한다. 「신선할 때만 느낄 수 있는 맛을 살리고 싶다」고 생각
했을 때, 소스로 생각난 것이 신선함과 대조되는 발효를 도입하는 것이었다.
생양송이에 2%의 소금을 뿌리고 3~4주 그대로 두면 강한 신맛과 감칠맛이 있는 액체가 만들어진다.
덴마크에서 요리를 배울 때는 발효에 의해 생긴 신맛을 요리의 맛을 내는 데 사용했지만, 가토 셰프는
이를 가열하여 신맛을 없앴다. 감칠맛만 살려서 익숙한 맛으로 완성하기 위해서이다. 생크림과 버터를
사용해서 유지방이 듬뿍 들어 있는 소스이지만, 살짝 남아 있는 신맛이 맛을 살려주어 농후하면서도
가벼운 맛으로 완성된다.
건더기는 생양송이와 소테한 양송이를 조합하였다. 3가지 조리법으로 만들어 서로 다른 감칠맛을 더
해, 양송이의 맛을 다각적으로 보여주는 요리이다.

레시피_ p.142

소금을 뿌려서 밀봉하고 3주일 동안 발효시킨다.
신맛이 매우 강한 발효액이 만들어진다.

수란을 조합하여 농후한 블루테를 부드럽게 만든다.

이 분야의 선두주자인 두 셰프의 뜨거운 의지
일본의 독자적인 발효균으로 세계와 승부하고 싶다

이 책에서 발효 소스에 도전한 2명의 셰프가 주목하는 것은 일본의 독자적인 발효균이다.

시대를 앞서가는 북유럽 덴마크에서 발효요리를 배운 가토 준이치 셰프에게 있어서 발효는 반드시 필요한 중요한 기술이다. 그런데 일본과 덴마크는 기후풍토가 달라서 현지와 같은 맛을 만들 수 없다.

「공기 중에 떠다니는 균의 종류가 다르기 때문에 같은 맛을 낼 수 없지만 오히려 그 점이 좋다고 생각합니다. 덴마크의 자연환경은 매우 혹독해서 가을과 겨울은 추위 때문에 식물이 거의 자랄 수 없습니다. 그래서 살아남기 위한 저장식으로 발효식이 발달했는데, 그런 문화적 배경을 잘 반영한 것이 현대의 북유럽요리입니다.

일본도 발효식이 발달한 나라이므로 북유럽을 흉내내지 않아도 전통적인 발효기술을 잘 활용하면 독자적인 발효요리를 만들 수 있을 것입니다. 일본의 발효균으로 어떤 새로운 요리를 만들어 낼지가 앞으로 풀어야 할 숙제입니다. 일본 내에서의 발효식품의 지역적 차이에 대해서도 알아보려고 합니다. 특히 도후쿠 지방은 북유럽처럼 매우 추운 환경이므로, 그곳에서 사용하는 발효기술에 흥미를 갖고 있습니다.」

한편, 다카하시 유지로 셰프는 「누룩발효」라는 무기를 통해 일본의 프렌치요리계가 「새로운 가치관」을 세계에 알리게 될 것이라고 말한다.

「〈엘불리(El Bulii)〉의 페란 아드리아(Ferran Adria)는 에스푸마라는 위대한 기술을 개발했고, 덴마크의 세계적인 레스토랑 〈노마(Noma)〉의 레네 레제피(René Redzepi)는 궁극의 지산지소(地産地消, 그 지역에서 생산되는 농산물을 그 지역에서 소비하는 것)를 구현했습니다. 그들이 세계적으로 이렇게 영향을 미치게 된 이유는 완전히 새로운 가치관을 내세웠기 때문입니다.

새로운 요리를 만드는 일에 매진하면서도 항상 마음 어딘가에 개운하지 않은 감정이 남아 있었습니다. 새로운 도전이라고 하지만 사실은 이미 존재하는 것들을 다시 조합하고 있는 것은 아닌지, 마치 조립식 장난감을 만드는 것 같다는 그런 생각을 했습니다.」

그럴 때 소금누룩(시오코지) 붐이 일어났고 다카하시 셰프는 누룩에 호기심이 생겼다. 간장, 미소, 사케 등, 일본의 발효식품은 대부분 누룩으로 만들어진 만큼, 그야말로 「국민 발효균」이라고 할 수 있는 누룩균에서 커다란 가능성을 본 것이다.

「누룩발효라는 기술 자체를 새로운 가치관으로 세계에 널리 전파하고 싶다는 꿈을 갖게 되었습니다. 일본의 발효식품은 세계적으로 주목을 받았고, 프랑스에서도 간장과 미소를 조미료로 사용하게 되었습니다. 직접 간장을 만드는 셰프도 생기기 시작했습니다.

지금은 이렇게 발효식품에 관심이 쏠려 있지만, 다른 나라 사람들이 누룩균 자체의 가능성에 주목하게 된다 하더라도 이상한 일이 아닙니다. 그러기 전에 우리가 먼저 새로운 활용법을 찾아내고 독자적인 기술을 확립해야 합니다.

나 자신도 이제 시작했을 뿐이라 많이 부족하지만, 발효에 관심이 있는 셰프들이 지혜를 모으면 실현할 수 있는 꿈이라고 생각합니다.」

열정적인 셰프들의 요리혼이 느껴지는 이야기를 들으니 발효 소스에 대한 기대가 점점 더 커진다.

8인의 셰프가 말하는 소스의 역할

LE RÔLE
DE LA SAUCE

모노리스
이시이 고
MONOLITH
GO ISHII

1973년 도쿄 간다에서 태어났다. 에콜쓰지도쿄[エコール辻東京]와 쓰지조[辻調]그룹 프랑스교를 졸업한 뒤, 레스토랑 〈아테스웨(À Tes Souhaits)〉에서 2년 동안 요리를 배웠다. 1998년에 프랑스로 건너가 사부아 지방의 〈샤토 드 쿠드레(Château de Coudrée)〉를 시작으로, 부르고뉴 지방의 〈조르주 블랑(Georges Blanc)〉, 루아르 지방의 〈장 바르데(Jean Bardet)〉, 〈베르나르 로벵(Bernard Robin)〉 등에서 경험을 쌓았다. 2002년에 귀국하여 〈레스토랑 모나리자 마루노우치점〉에 입점하였고, 2005년에 요리장으로 취임하였다. 〈아테스웨〉의 나카지마 간[中島 完] 셰프로부터 장소를 양도받아 2010년에 자신의 레스토랑을 오픈하였다. 「르 테탱저 콩쿠르 재팬(Le Taittinger Concours Japan)」 심사위원으로도 활동 중이다.

> 모든 재료를 한입에
> 맛볼 수 있도록
> 소스의 모양과 상태, 농도를 조절한다

나에게 있어서 프렌치요리의 가장 기본적인 개념은 뼈부터 내장에 이르기까지 하나의 재료를 남김없이 접시에 담아내는 것이다. 요리를 만들 때는 「부위마다 다양한 형태로 모습을 바꾼 재료가 접시 위에서 다시 하나가 된다」라는 이미지를 항상 머릿속에 그린다. 그런 이미지를 명확하게 느낄 수 있도록, 모든 파트를 반드시 한입에 맛볼 수 있게 플레이팅한다.

클래식한 요리를 추구하지만 소스만큼은 액상을 고집하지 않는다. 한입에 맛볼 수 있게 만드는 것을 가장 중요시하며, 재료와 잘 어우러지는 형태와 농도를 고민한다.

최신 도구나 새로운 재료를 도입하기 전에 먼저 지금까지 배운 고전적인 요리법을 살펴본다. 현대의 시선으로 고전기술을 다시 분석해보면, 그 요리법이 가진 의외의 효과를 발견할 때도 있다. 그런 발견을 통해 새로운 활용법을 제안하고 싶은 것이다.

선배 요리사들이 만들어온 기술은 활용하기에 따라 무궁무진하게 진화할 수 있다. 열심히 연구해서 그 가능성을 넓히고 싶다.

MONOLITH

주소 東京都渋谷区渋谷 2-6-1平塚ビル1F
전화 +81-3-6427-3580

오 구 뒤 주르 누벨 에르
사사키 나오부미
AU GOÛT DU JOUR
NOUVELLE ÈRE
NAOBUMI SASAKI

1973년 후쿠시마현에서 태어났다. 에콜쓰 지도쿄[エコール辻東京]를 졸업하고 미나 미아오야마의 〈르 자댕 데 사뵈르(Le jardin des saveurs)〉에서 나카자와 게이지[中澤 敬二]에게 요리를 배웠다. 28살에 프랑스로 건너가 파리, 알자스, 코트다쥐르에서 9년 동안 경험을 쌓았다. 파리의 미쉐린 2스타 레스토랑 〈아피시우스(Apicius)〉에서 4년 반 동안 경험을 쌓은 뒤, 〈오 봉 아쾨유(Au Bon Accueil)〉에서 셰프로 활약하였다. 2010년 귀국하여 홋카이도의 〈더 윈저 호텔 도야(The Windsor Hotel TOYA)〉, 긴자의 〈레 카유(Les Cailloux)〉, 에비스의 〈르 죄 드 라시에트(Le Jeu de l'Assiette)〉에서 셰프로 일했다. 2016년 〈오 구 뒤 주르 누벨 에르〉의 셰프로 취임하였다.

불순물을 완전히 제거하고
순수한 소스로
재료의 맛을 살린다

지금의 나의 요리는 뺄셈이다. 프랑스에서 일할 때는 덧셈으로 맛을 더해, 질리지 않는 요리를 만드는 데 매진했다. 그런데 귀국 후 홋카이도의 레스토랑에서 셰프로 일하면서 그런 생각들이 크게 달라졌다.

생산지가 가까워서 직접 밭을 방문할 기회가 늘면서 생산자와의 거리가 매우 가까워졌는데, 그들의 철학과 생각을 듣다보니 자연스럽게 하나의 식재료에 집중하게 되었고, 식재료가 가진 순수한 맛과 향을 살리고 싶다고 생각하게 되었다.

현재는 접시에 올리는 재료는 장식을 포함해 5종류로 제한한 심플한 구성으로, 주재료의 맛을 살리고 있다. 소스는 주재료의 맛을 살리는 것을 목적으로, 역할별로 3가지 패턴이 있다.

1. 주재료의 장점을 강조하기 위해 단점을 없애주는 소스.
2. 주재료의 부족한 부분을 보충하고, 좋은 부분을 비약적으로 향상시키는 소스.
3. 주재료 자체를 액체 상태로 만든 소스.

3번째는 주로 수프이며, 나는 수프도 소스의 일종이라고 생각한다.

어떤 패턴의 소스이든 사용하는 재료는 최소한으로 제한하고, 불순물은 일절 넣지 않는다. 응고제도 거의 사용하지 않고, 사용한다 해도 젤라틴을 아주 조금 넣는 정도이다. 복잡한 맛이 아닌, 무슨 소스인지 먹으면 바로 알 수 있게 만들고자 한다. 가장 순수한 소스로 주재료의 순수한 맛을 더욱 돋보이게 하는 것이 나의 요리철학이다.

AU GOÛT DU JOUR
NOUVELLE ÈRE

신시어
이시이 신스케 (왼쪽)
SINCÈRE
SHINSUKE ISHII

1976년 도쿄에서 태어났다. 조리사학교
를 졸업한 뒤 요쓰야의 〈오텔 드 미크니
(HOTEL DE MIKUNI)〉와 미나미아오야마
의 〈라 블랑슈(La Blanche)〉에서 4년 동안
요리를 배웠다. 26살에 프랑스로 건너가 알
자스 지방의 〈르 크로코딜(Le Crocodile)〉
을 비롯하여 지방의 미쉐린 스타 레스토랑
에서 많은 경험을 쌓았다. 귀국 후 소믈리에
인 가네야마 고지[金山 幸司]와 같이 〈바카
르(Bacar)〉를 오픈하고, 예약이 불가능할 정
도로 인기가 높은 레스토랑으로 만들었다.
2016년 독립하여 〈신시어〉를 오픈하였다.

신시어
오야마 게이스케 (오른쪽)
SINCÈRE
KEISUKE OYAMA

셰프 파티시에. 1986년 사이타마현에서 태
어났다. 일본과자전문학교를 졸업한 뒤 교
바시의 〈이데미 스기노(Hidemi Sugino)〉
에서 요리를 배우고 23살에 프랑스로 건너
갔다. 알자스와 니스의 레스토랑에서 경험
을 쌓고 레스토랑 디저트를 공부하였다. 귀
국 후 히라마쓰그룹의 이탈리안 〈리스토란
테 ASO(RISTORANTE ASO)〉, 신바시의 〈라
피네스(La FinS)〉에서 디저트를 담당하였
다. 무사시고스기에 위치한 카페 〈파티스트
(Patiste)〉에서 활약하고, 2016년 〈신시어〉
오픈에 참여하여 셰프 파티시에가 되었다.

소스의 형태나 온도로 접시 위에 변화를 일으킨다

고급 레스토랑이 늘어나면서 맛있는 것이 당연한 시대가 되었다. 살아남는
방법은 개성밖에 없다. 온도차, 맛의 그러데이션, 식감으로 「변화」를 주어 놀
라움을 만들어내는 것이 나의 개성이라고 생각한다. 반대로 식재료의 조합
자체는 정통을 따르며 안심할 수 있는 맛을 목표로 한다.

요리를 만들 때는 궁합이 좋은 조합을 나열해 보고 사용할 식재료를 결정
한다. 조합한 것끼리 다시 섞는 경우도 많다. 결정되면 어떤 것을 주재료로
할지 정하고, 다른 한 가지는 소스로 완성한다. 주재료와 소스는 대등한 관
계이며, 소스가 주재료의 맛을 살려주는 것이 아니라 서로가 도움이 되는 것
이 중요하다.

주재료는 식감을 위해서 어느 정도의 양이 필요하다. 그 점에서 소스는 양
의 제한이 없다. 모양을 바꾸고, 2종류로 나누고, 나중에 붓는 등 자유롭게
활용할 수 있어 변화를 주기에 안성맞춤이다. 주재료로 만족감을, 소스로는
변화를 주는 것이 나의 기본 스타일이다.

최근에는 액체질소를 사용한 소스를 만드는 데 몰두하고 있다. −196℃까
지 온도를 내릴 수 있으므로 잎의 조직을 파괴할 수 있고, 생채소와 마찬가
지로 보기 좋은 색상을 유지하며, 향도 유지할 수 있다. 지방은 보슬보슬한
가루 상태로 언다. 온도는 물론 식감이나 색깔에서도 획기적인 요리법이다.

당분간은 액체질소의 새로운 사용방법을 모색하여 소스에 활용하는 데
몰두하고 싶다. 아직 많은 가능성이 남아 있다고 생각한다.

SINCÈRE

주소 東京都 渋谷区 千駄ヶ谷 3-7-13 原宿
東急アパートメント B1F
전화 +81-3-6804-2006
www.facebook.com/pg/fr.sincere

에스키스

리오넬 베카

ESQUISSE
LIONEL BECCAT

1976년 프랑스 코르시카섬에서 태어났
다. 마르세유에서 자라 20살 넘어 요리를
시작했다. 1997년부터 미셸 트로아그로
〈Michel Troisgros〉의 브라스리 〈르 상트랄
(Le Central)〉, 미쉐린 1스타 레스토랑 〈기
라소제(Guy Lassausaie)〉, 〈페트로시앙
(Petrossian)〉에서 요리를 배웠다. 2002년
부터 〈메종 트로아그로(Maison Troisgros)〉
에서 수셰프를 맡았고, 2006년 도쿄에 〈퀴
진 [s] 미셸 트로아그로(Cuisine [s] Michel
Troisgros)〉를 오픈할 때 셰프로 일본에
와서, 5년 반 동안 총괄 셰프로 활약했다.
2011년 프랑스 문화예술공로훈장 슈발리
에를 받았고, 2012년 〈레스토랑 에스키스〉
의 총괄 셰프로 취임하였다.

> 소스는 요리에 생명을 불어 넣고
> 수분량의 밸런스를 조절하는
> 가장 중요한 역할을 한다

나의 요리는 개인적인 콘셉트나 세계관을 특히 중요시한다. 소스는 맛, 형
태, 색을 자유롭게 변화시킬 수 있으므로 상상력을 발휘하기 쉽고 요리의 콘
셉트를 표현할 때 가장 유용하다.

콘셉트를 결정한 뒤 가장 먼저 생각하는 것은 요리 전체의 수분량이다. 이
때도 소스가 매우 중요하다.

사람의 신체는 성인의 경우 60~65%가 수분으로 이루어져 있다. 아무것
도 먹지 않고 물만 마셔도 1달 정도는 생명을 유지할 수 있다고 한다. 따라
서 사람은 생명유지에 불가결한 수분의 섭취에 대해 매우 민감하다. 수분량
이 먹는 느낌을 좌우한다고 해도 과언이 아니다.

기온이나 습도 등 기후에 따라 목표로 하는 수분량을 정하고, 그 양에 맞
춰서 요리를 구성한다. 목표치에서 재료에 포함된 수분을 빼고 부족한 양은
소스로 보충하는 것이다. 수분이 많은 재료라면 반드시 액체 소스를 곁들일
필요는 없다. 거품이나 파우더로 맛과 향을 충분히 응축시켜서 농후한 맛으
로 완성하는 편이 밸런스가 잘 맞을 때도 있다. 소스의 형태와 농도를 결정
하는 것이 나의 경우에는 바로 수분인 것이다.

소스는 요리의 콘셉트를 구현하는 무기이며, 먹는 느낌을 좌우하기도 한
다. 요리에 생명을 불어 넣어주는 존재라고 할 수 있다.

ESQUISSE

주소 東京都 中央区 銀座 5-4-6
ロイヤルクリスタル銀座 9F
전화 +81-3-5537-5580
www.esquissetokyo.com/

르 스푸트니크
다카하시 유지로
LE SPUTNIK
YUJIRO TAKAHASHI

1977년 후쿠오카현에서 태어났다. 대학을 졸업한 뒤 나카무라[中村] 조리사학교에 입학하였고, 프렌치요리의 역사에 매료되었다. 오모테산도의 〈비스트로 다르브르(Bistro d'Arbre)〉에서 다니구치 데쓰야[谷口 哲也]의 가르침을 받았다. 26살에 프랑스로 건너가 미쉐린 3스타 〈르 두아앵(Le doyen)〉, 〈비스트로 라미장(Bistro L'Ami Jean)〉 등에서 3년 동안 요리를 배웠다. 불랑주리 〈메종 카이저(Maison Kayser)〉, 파티세리 〈팽 드 쉬크르(Pain de Sucre)〉에서 경험을 쌓고, 다양한 기술을 습득하였다. 귀국 후 마루노우치의 〈오 구 뒤 주르 누벨 에르(Au Goût du Jour Nouvelle Ère)〉와 〈르 죄 드 라시에트(Le Jeu de l'Assiette)〉의 셰프로 활약하였고, 2015년 독립하였다.

요리에 따라 소스의 역할을 정하고 적합한 형태를 선택한다

예전에는 「목넘김을 좋게 하여 음식을 먹기 쉽게 해주는 것」이 소스의 역할이라고 생각했다. 그런데 음식을 익히는 과정에서 재료의 수분을 잃지 않고 요리할 수 있게 되자, 소스 없이도 촉촉하게 먹을 수 있는 재료가 늘어나기 시작했다.

그렇게 되니 「목넘김」에서 벗어나 소스를 자유롭게 사용할 수 있게 되었다. 2가지 재료를 연결하는 역할, 향이 퍼지게 해주는 역할 등 소스의 역할이 다양해져서, 그 목적에 따라 액체 이외의 형태로도 적극적으로 활용할 수 있게 된 것이다.

예를 들어 거품은 입안에서 톡톡 터져 액체보다 향이 더욱 잘 퍼지고, 시각적으로 부드럽게 느껴지는 효과가 있다. 공기를 함유하기 때문에 맛도 부드럽다. 거품이라는 말을 들으면 「가볍다」라는 막연한 느낌을 갖기 쉽지만, 효과를 세세하게 분석해두면 어디에 사용할지가 분명해진다.

나의 경우에는 소스의 형태를 대부분 마지막에 결정한다. 중요한 것은 어떤 형태로 만드느냐가 아니라, 무엇을 위해 그런 형태를 선택했는가이다. 우선 만들고 싶은 맛과 식감을 명확하게 정리하고, 그 요리에서 소스가 담당할 역할을 생각한다. 그런 다음 역할에 맞는 기술을 선택하는 것이다. 필요한 것을 필요할 때 사용하려면 평소부터 꾸준히 데이터를 축적해두는 것이 무엇보다 중요하다.

LE SPUTNIK

주소 東京都 港区 六本木 7-9-9 1F
전화 +81-3-6434-7080
https://le-sputnik.jp/

수블림
가토 준이치
SUBLIME
JUNICHI KATO

1982년 시즈오카현에서 태어났다. 쓰지[辻] 조리사전문학교를 졸업한 뒤, 2003년에 〈다테루 요시노 시바파크(Tateru Yoshino Shiba Park)〉호텔에 들어가 요시노 다테루[吉野 健]에게 요리를 배우면서 프렌치요리의 주요 흐름을 공부하였다. 〈호텔 드 요시노(Hotel de Yoshino)〉를 거쳐 2009년에 프랑스로 건너가, 파리의 미쉐린 3스타 〈아스트랑스(Astrans)〉에서 경력을 쌓고 덴마크로 옮겨갔다. 미쉐린 2스타 〈레스토랑 AOC(Restaurant AOC)〉, 〈마샬(Marchal)〉에서 경험한 북유럽요리의 세련된 스타일에 매료되었다. 2016년 〈수블림(Sublime)〉을 오픈할 때 셰프로 취임하였다.

> 주재료와 부재료를 연결해주는
> 플레이버가 소스이며,
> 디자인을 고려해서 형태를 결정한다

몇 가지 맛을 조합하거나 졸여서 맛을 응축시키는 것이 지금까지의 프렌치요리의 방법론이라고 한다면, 내가 요리를 배운 덴마크에서는 발효의 신맛으로 요리의 맛을 결정한다. 최고의 레스토랑으로 수차례 선정된 〈노마(Noma)〉가 제창하듯이, 로컬 식재료로 요리를 만들면 사용하는 재료의 범위가 자연스럽게 축소된다. 하나의 요리에 사용하는 재료의 수를 최소한으로 줄여서, 적은 구성요소만으로 맛을 내야 한다.

나는 일본에서 정통 프렌치요리를 공부한 뒤에 덴마크로 건너갔다. 적은 재료로 맛을 내는 것은 매우 힘들었지만, 구성요소가 적기 때문에 표현할 수 있는 순수한 맛, 세련된 디자인은 혼란스러운 내 마음을 잡아주었다.

현대 북유럽요리의 역사는 10년 정도로 아직 정해진 규칙은 없다. 「소스」라는 개념도 중요시하지 않는다. 대신 디자인을 매우 중요시한다. 「얼마나 센스 있게 완성하는지」에 철저하게 몰두하는 자세는 큰 공부가 되었다.

요즘 나의 요리는 3가지 요소만으로 한 접시를 구성한다. 우선 주재료를 결정하고, 주재료와 궁합이 가장 좋은 재료를 선택한다. 그리고 이 2가지 재료와 궁합이 좋은 플레이버를 1가지만 더한다. 이 플레이버가 2가지 식재료를 연결하여 전체를 어우르는 소스가 되는 것이다. 식감도 중요하지만 가장 중요한 것은 비주얼이며, 요리 디자인에 맞춰 소스의 형태를 결정한다.

플레이버에 따라 요리의 이미지가 크게 변한다고 생각하는 나에게, 소스는 개성을 표현하기 위한 가장 중요한 존재이다.

SUBLIME

주소 東京都 港区 東麻布 3-3-9 アネックス
麻布十番 1F
전화 +81-3-5570-9888
www.sublime.tokyo

크라프탈
오쓰치하시 신야
CRAFTALE
SHINYA OTSUCHIHASHI

1984년 가고시마현에서 태어났다. 에콜 쓰지도쿄[エコール辻東京]와 쓰지조[辻調] 그룹 프랑스교를 졸업한 뒤, 스무 살에 니시아자부의 〈조지안 클럽(Georgian Club)〉에 입사해서 4년 동안 요리를 배우고, 에비스의 가스트로노미 〈조엘 로부숑(Joël Robuchon)〉에서 경험을 쌓았다. 29살에 프랑스로 건너가 파리의 네오 비스트로 〈사튀른(Saturne)〉에서 즉흥적이고 생생한 요리 현장을 경험한 것이 요리철학에 큰 영향을 미쳤다. 귀국 후 2013년 하쓰다이의 〈레스토랑 아니스(Restaurant Anis)〉 오픈에 참여해 수셰프로 활약하다가, 2015년 〈크라프탈〉을 오픈하고 셰프로 취임하였다.

두 가지 소스를 조합하여
완급이 있고 언밸런스한
일체감을 표현한다

요리를 만들 때 가장 중요하게 생각하는 것은 「전체적인 균형」이다. 하지만 조화를 목표로 삼지는 않는다. 반대로 「균형의 파괴」를 목표로 한다.

「50+50」, 「1+99」의 답은 모두 100이다. 이것을 맛에 적용하여 「단맛 50+신맛 50」과 「단맛 1+신맛 99」라고 하면 전혀 다른 느낌의 요리가 완성된다. 100이라는 똑같이 강한 맛을 만들어도 내가 목표로 하는 것은 「1+99」의 균형이다.

균형을 파괴할 때 중요한 것은 입안에서 느끼는 맛의 구성을 바꾸는 것이다. 먹는 동안 갑자기 신맛과 쓴맛이 느껴지거나, 천천히 단맛이 퍼지는 것 등. 심플한 파트를 여러 개 겹쳐서 요리를 완성하는 것은 입안에 변화를 일으키고 싶기 때문이다.

소스도 2가지 이상 조합하는 경우가 압도적으로 많은 것은 완급을 주기 위한 목적이다. 한 가지는 점을 그리는 방법 등으로 조금만 첨가하는 소스이다. 신맛이나 쓴맛을 응축시켰다가 먹으면 입안에서 맛이 터져나오듯이 임펙트 강한 소형폭탄 같은 이미지이다.

또 하나의 소스는 부드러운 맛으로 점성이 있는 것이다. 이것은 비교적 많은 양을 사용하며, 파트를 서로 연결하여 일체감을 주는 역할을 한다. 이 2가지 소스가 갖춰지면 전체가 하나로 어우러져 있어도 다양한 맛의 변화를 즐길 수 있다.

주재료, 가니시용 재료, 소스 등으로 나름대로 구분하고 있지만 3가지 모두 똑같이 중요하다. 나에게 있어서 소스는 「언밸런스한 일체감」을 만들어내기 위한 요소이다.

CRAFTALE

주소 東京都 目黒区 青葉台 1-16-11 2F
전화 +81-3-6277-5813
www.craftale-tokyo.com/

상세 레시피

LES RECETTE
DE LA SAUCE

3가지 누베(비트, 발사믹, 그린커리)

다카하시 유지로
p.008

INGREDIENT_ 30인분

비트 누베
비트 50g
레드와인 비네거 10㎖
루비 포트 200㎖
레드와인 150㎖
물 150㎖
시나몬, 아니스, 정향, 주니퍼베리,
　검은 통후추 2g씩
그래뉴당 30g
젤라틴 14g

발사믹 누베
발사믹 비네거 250㎖
물 적당량
젤라틴 14g

그린커리 누베
우유 200㎖
물 200㎖
수제 향신료 5g
소금 적당량
홀리 바질 적당량
젤라틴 14g

장어 레드와인 소스
장어 가운데뼈 2~3마리 분량
루비 포트 100㎖
레드와인 비네거 15㎖
레드와인 100㎖
퐁 드 보 200㎖
퓌메 드 푸아송(생선 육수) 50㎖

장어 2마리
소금, 흰 후춧가루, 화이트 포트 적당량씩
푸아그라 테린 600g

비트 튀일
비트 120g
그래뉴당 4g
트레할로스 4g
파라티니트(인공 감미료) 10g
물엿 2g
소금 1꼬집

새끼 은어와 우엉 튀김
우엉 1kg
오향가루(산초, 팔각, 펜넬, 정향, 계피 등을 섞
　은 것) 적당량
박력분, 달걀노른자, 물 적당량씩
새끼 은어 30마리
식용유 적당량
소금 적당량

오징어 베니에
오징어살(간 것) 350g
소금, 흰 후춧가루 적당량씩
노일리(베르무트) 20㎖
달걀흰자 1개 분량
생크림(유지방 38%) 200㎖
꽃 달린 주키니 30개
베니에 반죽 적당량
식용유 적당량

괭이밥꽃 적당량
세이지 적당량
식용유 적당량
검은 통후추 적당량
수제 향신료 적당량

＊ 수제 향신료는 카레가루, 시나몬, 정향, 터
　메릭, 너트메그, 커민, 캐러웨이, 흰 후춧가
　루를 2g씩 섞은 것.
＊ 베니에 반죽은 달걀노른자, 물, 박력분, 맥
　주를 섞은 것.

HOW TO MAKE

비트 누베

01 비트를 얇게 썰어서 젤라틴을 제외한 다른
　재료를 모두 함께 냄비에 넣고 끓인다.

02 5분 삶아서 알코올을 날리고 시누아로 거
　른다. 350g을 사용한다.

03 02에서 175g을 덜어 물에 불린 젤라틴을
　넣고 다시 데워서 젤라틴을 녹인다.

04 체온 정도로 식으면 02의 나머지 175g을
　넣고, 30℃가 되면 핸드믹서로 5분 동안
　거품을 낸다.

05 얼음 위에 올린 뒤 다시 5분 동안 거품을
　내서 젤라틴을 굳힌다.

발사믹 누베

01 발사믹 비네거를 1/4로 졸인 뒤 물을 넣
　어 350g으로 희석한다.

02 비트 누베 만드는 방법 03~05와 같은 방
　법으로 거품을 낸다.

그린커리 누베

01 우유, 물, 향신료, 소금, 바질을 냄비에 넣고 끓인 뒤, 불을 끄고 뜸을 들여 향이 배게 한다.

02 시누아로 걸러서 350g을 사용한다.

03 비트 누베 만드는 방법 03~05와 같은 방법으로 거품을 낸다.

장어 레드와인 소스

01 장어의 가운데뼈를 오븐에서 갈색이 될 때까지 굽는다.

02 루비 포트, 레드와인 비네거, 레드와인을 수분이 없어질 때까지 끓인다

03 01과 퐁 드 보, 퓌메 드 푸아송을 넣어 끓인다. 거품을 걷어내면서 약불로 1시간 졸인 뒤 시누아로 거른다.

장어 굽기

01 장어를 가르고 뜨거운 물을 껍질에 부어 점액질을 제거한다.

02 소금, 흰 후춧가루, 화이트 포트를 뿌리고 껍질이 아래로 가게 망 위에 올린다.

03 100℃ 스팀컨벡션오븐에서 12~15분 찐 뒤 뼈를 발라낸다.

04 레드와인 소스를 솔로 바르고 폭 3cm, 두께 5cm로 잘라서 나눈다. 푸아그라 테린도 같은 크기로 자른다.

비트 튀일

01 비트는 1cm 크기로 깍둑썰기해서 냄비에 넣고 물을 자작하게 부어 가열한다.

02 비트가 부드러워지고 수분이 없어질 때까지 조린 뒤 체에 올려서 물기를 제거한다.

03 믹서에 비트와 나머지 재료를 모두 넣고 갈아서 퓌레 상태로 만든 뒤 시누아로 거른다.

04 실리콘 패드 위에 고무주걱으로 얇게 펴고, 120℃ 오븐에서 45분 건조시킨다.

05 가로세로 5cm 크기로 잘라서 뜨거울 때 푸아그라 테린과 장어를 말아 모양을 만든다.

새끼 은어와 우엉 튀김

01 우엉은 껍질을 벗기고 필러로 얇게 썬다. 물에 담가 아린맛을 제거하고, 껍질은 저온의 오븐에서 건조시킨 뒤 믹서로 가루를 낸다. 오향가루와 같은 비율로 섞는다.

02 박력분, 달걀노른자, 물을 섞어서 튀김옷을 만들고 우엉에 입힌다.

03 새끼 은어에 덧가루를 뿌리고 꼬치를 꽂은 뒤 02를 은어 위에 만다.

04 180℃ 식용유로 튀긴 뒤 꼬치를 빼고 소금, 우엉 껍질과 오향가루 섞은 것을 뿌린다.

05 남은 02는 180℃로 가열한 식용유에 넣고 튀긴 뒤, 뜨거울 때 살짝 한 덩어리로 뭉친다.

오징어 베니에

01 믹싱볼에 간 오징어살, 소금, 흰 후춧가루, 노일리, 달걀흰자를 넣고 얼음 위에 올려서 섞는다.

02 섞으면서 15~20분 동안 생크림을 아주 조금씩 넣고 거품을 낸다.

03 짤주머니에 넣어 주키니 꽃 속에 짠다.

04 베니에 반죽 재료를 섞은 뒤 꽃을 베니에 반죽에 담갔다 빼서, 170℃로 달군 식용유에 꽃 부분만 튀긴다.

05 열매는 세로로 칼집을 몇 군데 넣고 데친다. 소금으로 간을 한다.

06 칼집 부분을 벌려서 꽃을 올린다.

마무리

01 괭이밥꽃과 세이지는 160℃로 가열한 식용유에 튀긴다.

02 튀일로 만 푸아그라 테린과 장어를 돌 위에 올리고, 비트 누베를 스푼으로 올린다. 검은 통후추를 갈아서 뿌린다.

03 다른 돌 위에 우엉 튀김을 깔고 새끼 은어와 우엉 튀김, 발사믹 누베를 스푼으로 올린다. 괭이밥꽃 튀김으로 장식한다.

04 주키니를 다른 돌 위에 올리고 그린커리 누베를 스푼으로 올린다. 수제 향신료를 뿌리고 세이지 튀김으로 장식한다.

푸아그라 테린

INGREDIENT_ 8×33cm, 높이 2cm 틀 1개 분량

오리간 푸아그라 1kg
소금 오리간 푸아그라의 1.1%
그래뉴당 오리간 푸아그라의 0.7%
흰 후춧가루, 너트메그파우더 적당량씩
루비 포트 29㎖
코냑 10㎖

HOW TO MAKE

01 푸아그라에 나머지 재료를 뿌리고 하룻밤 마리네이드한다.

02 트레이에 올려 70℃ 스팀컨벡션오븐에서 중심온도가 38℃가 될 때까지 가열한다.

03 체에 올려 여분의 기름을 제거한다. 실리콘 패드 위에 틀을 올리고 푸아그라를 채운다.

04 1kg짜리 누름돌을 올리고 냉장고에 넣어 차갑게 식혀서 굳힌다.

바나나 무스를 곁들인
푸아그라 푸알레, 브리오슈 프렌치토스트, 베이컨
이시이 고
p.010

INGREDIENT_ 4인분

브리오슈
(8×19cm, 높이 6cm 파운드케이크틀 3개 분량)
우유 50㎖
그래뉴당 50g
드라이이스트 10g
강력분 500g
소금 10g
달걀 7개
무염버터 450g

강력분(덧가루) 적당량
무염버터(틀용) 적당량
달걀노른자 적당량

바나나 무스(완성 분량 약 350g)
시럽 300㎖
레몬즙 적당량
바나나 3개
판젤라틴 1장
바나나 리큐어 15㎖
생크림(유지방 35%) 140g

꿀·셰리 비네거 소스
꿀 50g
셰리 비네거 40g
소금, 흰 후춧가루 적당량씩

프렌치토스트 아파레유
우유 100㎖
그래뉴당 40g
달걀 2개

무염버터 적당량
오리간 푸아그라 280g
소금, 흰 후춧가루, 강력분 적당량씩
베이컨 4장
식용유 적당량
바나나 1개
카소나드(부분정제 갈색설탕) 적당량
플뢰르 드 셀, 검은 통후추(굵게 간 것)
　적당량씩
어린잎 채소(디트로이트 비트), 그래놀라, 시
　나몬파우더 적당량씩

* 시럽은 그래뉴당과 물을 1:2로 섞은 것.

HOW TO MAKE

브리오슈
01 우유를 체온 정도로 데우고 그래뉴당 1꼬집과 이스트를 넣는다. 상온에 10분 정도 두고 예비발효시킨다.
02 믹싱볼에 체에 친 강력분, 소금, 그래뉴당, 01, 달걀을 넣고, 믹서에 비터를 끼워서 반죽에 윤기가 날때까지 5분 정도 반죽한다.
03 2cm 크기로 깍둑썰기해서 상온에 둔 버터를 조금씩 넣고 다시 반죽한다.
04 전체가 고르게 섞이면 반죽을 한 덩어리로 뭉치고 다른 볼에 옮겨서 냉장고에 넣고 24시간 발효시킨다.
05 펀칭으로 가스를 뺀다. 덧가루를 뿌리고 다시 살짝 반죽한 뒤 9등분해서 둥글린다.
06 틀에 버터를 바르고 강력분을 살짝 뿌린 뒤 반죽을 3개씩 틀에 넣는다. 상온에 두고 틀 높이까지 반죽이 부풀어오르면, 솔로 달걀노른자를 바른다.
07 150℃ 오븐에서 15분 동안 굽는다. 중간에 1번 꺼내서 오븐팬의 방향을 바꿔주면 고르게 구울 수 있다. 완전히 식으면 틀에서 꺼낸다.

바나나 무스와 꿀·셰리 비네거 소스
01 시럽을 끓여서 레몬즙을 넣는다. 껍질을 벗긴 바나나를 통째로 넣고 5분 동안 끓인다.
02 바나나를 꺼내 믹서에 넣고 시럽을 조금 부은 뒤, 갈아서 퓌레 상태로 만든다. 시누아로 걸러서 210g을 사용한다.
03 물에 불린 젤라틴과 바나나 리큐어를 넣어 녹인다.
04 얼음 위에 올리고 식히면서 80% 휘핑한 생크림을 몇 번에 나눠서 넣는다.
05 용기에 옮기고 냉장고에 넣어 차갑게 식혀서 굳힌다.
06 꿀·셰리 비네거 소스는 재료를 모두 섞은 뒤 반으로 줄어들 때까지 졸인다.

프렌치토스트
01 브리오슈를 2cm 두께로 자르고 세로로 2등분한다.
02 아파레유 재료를 섞은 뒤, 브리오슈를 5분 정도 담가둔다.
03 버터를 두른 프라이팬을 중불에 올려서 양면이 노릇해지게 굽는다.

마무리
01 따뜻하게 데운 칼로 푸아그라를 70g씩 잘라서 나누고 혈관을 제거한다.
02 양면에 소금, 흰 후춧가루, 강력분을 뿌린다. 버터를 두른 프라이팬을 센불에 올려 푸아그라 표면이 노릇해지게 굽는다.
03 식용유를 두른 프라이팬에 베이컨을 올리고 양면이 노릇해지게 굽는다.
04 바나나를 1cm 두께로 둥글게 썰고 카소나드를 뿌려서 가스버너로 그을린다.
05 접시에 프렌치토스트, 베이컨, 푸아그라를 순서대로 겹쳐 담고, 푸아그라 위에 플뢰르 드 셀과 굵게 간 검은 후추를 뿌린다.
06 바나나 무스를 크넬(럭비공)모양으로 담고, 꿀·셰리 비네거 소스를 뿌린 뒤 그래놀라를 올린다.
07 둥글게 썬 바나나와 어린잎 채소로 장식하고 시나몬파우더를 접시에 뿌린다.

색, 온도, 식감이 다른 토마토 소스를 올린 랑구스틴 푸알레

이시이 신스케
p.012

INGREDIENT_ 20인분

토마토 농축액
토마토 300g
프루트토마토 500g
소금 8g
프로에스푸마 콜드 적당량

바질오일
바질 40g
퓨어 올리브오일 150㎖

말토섹 120g
생크림(유지방 38%) 150㎖
소금, 흰 후춧가루 적당량씩
랑구스틴 20마리
카옌페퍼 적당량
퓨어 올리브오일 적당량
프루트토마토 3개
펜넬 새싹 적당량

HOW TO MAKE

토마토 거품과 아이스크림

01 토마토, 프루트토마토, 소금을 믹서로 갈아서 퓌레로 만든다.
02 체에 키친타월을 깔고 퓌레를 부어서 투명한 토마토 농축액을 추출한다.
03 토마토 농축액 분량의 9%에 해당하는 프로에스푸마를 넣고 핸드믹서로 섞는다.
04 에스푸마에 넣고 아산화질소가스를 충전하여 지름 2㎝ 반구형 실리콘틀이 1/2 정도 차도록 짠다. 냉동실에서 굳힌다.

바질 파우더와 무스

01 바질을 볼에 넣고 액체질소를 뿌려서 얼린다.
02 올리브오일을 넣고 핸드믹서로 섞어서 고운체에 내린다.
03 02의 바질오일 100g에 말토섹을 넣고 로보쿠프로 갈아서 파우더 상태로 만든다.
04 바질 무스를 만든다. 02에서 체에 남은 건더기를 80% 휘핑한 생크림에 넣고 섞은 뒤, 소금, 흰 후춧가루로 간을 한다.

랑구스틴 소테와 마무리

01 랑구스틴은 머리와 껍데기를 제거하고 꼬리는 남겨둔다.
02 소금, 카옌페퍼로 밑간을 한다. 불소수지 가공 프라이팬에 올리브오일을 두르고 색이 변하지 않도록 주의해서 약불로 촉촉하게 굽는다.
03 4등분해서 유리접시에 담는다.
04 프루트토마토에 소금, 흰 후춧가루를 뿌려 간을 한 뒤, 세로로 8등분해서 2조각을 올린다. 에스푸마로 토마토 거품을 짜고, 토마토 아이스크림을 올린다.
05 바질 무스를 스푼으로 올리고 바질 파우더를 뿌린다. 펜넬 새싹으로 장식한다.

이 책에서 사용한 증점제, 응고제

프로에스푸마(Pro Espuma)
에스푸마용으로 개발된 분말증점제. 2종류가 있으며 35℃ 이하의 액체에는 콜드, 35℃ 이상의 액체에는 핫을 사용한다(SOSA 제품).

겔에스페사(Gelespessa)
잔탄검과 말토덱스트린을 배합한 분말증점제. 덩어리가 생기지 않고, 가열하지 않아도 쉽게 걸쭉해진다(SOSA 제품).

말토섹(Maltosec)
타피오카 말토덱스트린. 지방성분을 흡수하는 성질이 있고 지방제품을 고형화 및 파우더화할 수 있다(SOSA제품).

잔탄검(Xanthan Gum)
옥수수 등의 전분이 주원료인 증점제. 점성이 매우 강하며 가열하지 않아도 액체를 걸쭉하고 점성이 생기게 만들어준다. 유화제로도 사용할 수 있다. 분말타입이 주로 유통된다.

베지터블 증점제(Vegetable Gelatin)
카라기난 등을 주로 배합한 분말응고제. 녹는점이 65℃로 높아서, 쉽게 굳고 탄력성이 강한 것이 특징이다(SOSA 제품).

내장을 넣은 사바용 소스와 전복 샴페인찜

이시이 고
p.014

INGREDIENT_ 4인분

전복 4개
소금 적당량
샴페인 100㎖

사바용
에샬로트 1/2개
화이트와인 50㎖
화이트와인 비네거 5㎖
달걀노른자 2개 분량
물 30㎖
소금, 흰 후춧가루 적당량씩
무염버터 30g

전복 내장 베이스
마데이라(45℃ 이상에서 숙성된 와인)
　　100㎖
퐁 드 보 100㎖
전복 국물 50㎖
전복 내장 1개
소금, 흰 후춧가루 적당량씩

고사리 8줄
소금, 무염버터 적당량씩
땅두릅 적당량
퓨어 올리브오일 적당량
아마란스잎 적당량

HOW TO MAKE

전복찜
01 전복은 껍데기를 문질러 씻어서 불순물을 깨끗이 제거한 뒤 껍데기를 분리한다.
02 내장이 붙어 있는 채로 볼에 넣고 소금 1꼬집과 샴페인을 넣는다.
03 비닐랩을 씌워 찜기에 넣고 약불로 1시간 동안 찐다. 전복살, 내장, 국물을 각각 보관한다.

전복 내장을 넣은 사바용 소스
01 다진 에샬로트와 화이트와인, 화이트와인 비네거를 냄비에 넣고 색이 변하지 않도록 주의하면서 수분이 없어질 때까지 조린다. 20g을 사용한다.
02 볼에 달걀노른자와 01을 넣고 가볍게 섞은 뒤, 물, 소금, 흰 후춧가루를 넣고 중탕하면서 거품을 낸다.
03 달걀노른자가 익어서 색깔이 변하기 시작하면 잘게 자른 버터를 조금씩 넣어서 녹인다.
04 다시 거품을 내면서 익힌다. 걸쭉하고 스푼으로 들어 올렸을 때 천천히 떨어지는 농도로 만든다. 여기서 소스의 농도가 결정된다. 완성되면 불에서 내리고 마르지 않도록 비닐랩을 씌운다.

05 마데이라를 수분이 없어지고 윤기가 날 때까지 졸인다. 퐁 드 보와 전복 국물을 넣고 다시 반으로 줄어들 때까지 졸인다.
06 전복 내장을 넣고 핸드블렌더로 간다. 소금, 흰 후춧가루로 간을 한다.
07 불에서 내려 사바용 2큰술을 넣어 섞고 시누아로 거른다. 식지 않도록 따뜻한 곳에 둔다.

마무리
01 고사리를 끓는 소금물에 삶아서 버터를 녹인 프라이팬에 올리고 향이 날 때까지 볶는다.
02 땅두릅은 180℃로 가열한 올리브오일로 튀긴 뒤 소금으로 간을 한다.
03 찜기에 전복을 넣고 다시 데운 뒤 반으로 자른다.
04 접시에 전복을 담고 소스를 듬뿍 올린다.
05 고사리, 땅두릅을 올리고 아마란스잎을 뿌린다.

은어 리예트를 곁들인 은어구이

이시이 고

p.016

INGREDIENT_ 8인분

은어 리예트(완성 분량 약 200g)
은어 3마리
소금, 흰 후춧가루 적당량씩
퓨어 올리브오일 적당량
돼지 등지방(돼지 등심 위쪽의 지방)
　　100g
마늘 1쪽
양파 50g
오리간 푸아그라 30g
화이트와인 50㎖
부용 드 볼라유 50㎖
바닷가재 비스크(수프) 50㎖
주니퍼베리 3알
판젤라틴 1장

은어 무스
은어 6마리
달걀흰자 20g
소금 1꼬집
생크림(유지방 35%) 150g
흰 후춧가루 적당량

은어 8마리
소금, 흰 후춧가루 적당량씩
퓨어 올리브오일 적당량
야생 아스파라거스(Asperge Sauvage)
　　16개
꼬투리완두 16개
꼬투리강낭콩 16개

비네거 소스
레드와인 비네거 적당량
디종 머스터드 적당량
식용유 적당량
소금, 흰 후춧가루 적당량씩

오이 적당량
수박 적당량
어린잎 채소(디트로이트 비트) 적당량
플뢰르 드 셀, 검은 통후추(굵게 간 것)
　　적당량씩

HOW TO MAKE

은어 리예트
01 은어는 비늘과 아가미만 제거하고 머리는 붙은 채로 둔다. 소금, 흰 후춧가루를 뿌려서 밑간을 한 뒤, 올리브오일을 두른 프라이팬을 중불에 올려 양면이 노릇하게 속까지 익힌다.

02 냄비에 돼지 등지방을 넣고 중불로 녹인 뒤, 심을 제거한 마늘을 넣어 색이 날 때까지 볶는다.

03 얇게 썬 양파를 넣고 소금을 뿌린 뒤 부드러워질 때까지 볶는다.

04 푸아그라를 넣어 살짝 익히고, 화이트와인, 부용 드 볼라유, 바닷가재 비스크를 넣어 끓인다.

05 끓으면 약불로 줄이고 거품을 걷어낸 뒤, 01의 은어와 주니퍼베리를 넣는다. 거품을 걷을 때 지방까지 걷어내지 않도록 주의한다.

06 1시간 정도 조리고 체에 걸러서 액체와 건더기를 분리한다.

07 건더기를 로보쿠프로 페이스트 상태가 될 때까지 간 뒤, 고운체에 내리고 얼음 위에 올려서 식힌다.

08 물에 불린 젤라틴을 06의 액체에 넣고 녹으면 07을 조금씩 넣으면서 섞는다. 소금, 흰 후춧가루로 간을 한 뒤 냉장고에 넣고 식혀서 굳힌다.

은어 무스
01 무스용 은어를 3장뜨기한 뒤 껍질을 벗긴다. 로보쿠프에 은어 살, 달걀흰자, 소금을 넣고 부드러워질 때까지 간다.

02 생크림을 3번에 나눠 넣고 소금, 흰 후춧가루로 간을 한다.

03 소테용 은어는 비늘, 내장, 아가미를 제거하고 1장으로 갈라서 펼친다. 가운데뼈를 제거하고 소금, 흰 후춧가루로 간을 한다.

04 02의 무스를 짤주머니에 넣고 은어의 배 쪽에 짜서 모양을 만든다.

05 프라이팬에 올리브오일을 두르고 센불로 달군 뒤, 머리가 오른쪽으로 오도록 은어를 올려 표면이 노릇해지게 굽는다. 뒤집어서 반대쪽도 같은 방법으로 굽는다.

가니시와 마무리
01 야생 아스파라거스, 완두콩, 강낭콩을 각각 끓는 소금물에 데친다.

02 완두콩, 강낭콩을 올리브오일을 두른 프라이팬에 넣고 살짝 볶는다.

03 레드와인 비네거, 디종 머스터드, 식용유를 1:1:4의 비율로 섞고, 소금, 흰 후춧가루로 간을 해서 비네그레트 소스를 만든다.

04 오이는 칼로 껍질을 듬성듬성 벗긴 뒤 3㎜ 두께로 둥글게 썰고, 소금, 흰 후춧가루, 비네그레트 소스를 넣어 버무린다.

05 접시 가운데에 은어를 올리고 위쪽에 야생 아스파라거스, 완두콩, 강낭콩, 오이, 1㎝ 크기로 깍둑썬 수박, 어린잎 채소를 담는다. 수박은 플뢰르 드 셀을 살짝 뿌려둔다.

06 은어 리예트를 크넬(럭비공)모양으로 만들어 담고, 굵게 간 검은 통후추를 뿌려서 마무리한다.

은어, 닭간 푸아그라, 패션프루트

오쓰치하시 신야

p.020

INGREDIENT_ 4인분

파슬리사브레

박력분 100g
슈거파우더 12g
아몬드파우더 18g
소금 3g
무염버터 90g
달걀노른자 20g
파슬리 50g

구제르(치즈를 넣은 짭조름한 맛의 슈)

무염버터 45g
박력분 55g
소금 2g
그래뉴당 3g
물 20g
우유 70g
그뤼에르 치즈 20g
식용 대나무 숯가루 5g
달걀 95g

닭간 푸아그라 무스

(24×24cm, 높이 4cm 찜기 1개 분량)

양파 퓌레 250g
닭간 푸아그라 500g
소금 15g
생크림(유지방 38%) 225g
옥수수전분 25g
에르브 드 프로방스 5g
젤라틴 5g
생크림(유지방 38%) 300g
루비 포트 30g

패션프루트와 자몽 소스

자몽 1/2개
겔에스페사(p.107 참조) 조금
패션프루트 1개
소금, 화이트와인 비네거 조금씩

여뀌잎 100g
은어 4마리
식용유 적당량
소금, 쌀가루 적당량씩
퓨어 올리브오일 적당량

은어 내장 파우더

식용유 50g
마늘 조금
은어 간 4마리 분량
말토섹(p.107 참조) 50g
식용 대나무 숯가루 조금

홍여뀌, 아마란스잎, 애기수영 적당량씩

HOW TO MAKE

파슬리사브레

01 박력분, 슈거파우더, 아몬드파우더, 소금을 로보쿠프로 섞는다.
02 1cm 크기로 깍둑썰기한 찬 버터와 달걀노른자를 넣고 매끄러워질 때까지 섞는다.
03 한 덩어리로 만들고 비닐랩으로 싸서 하룻밤 휴지시킨다.
04 파슬리를 데쳐서 식힌 뒤 믹서로 갈아 퓌레 상태로 만들어서 시누아로 거른다.
05 오븐시트에 03을 1cm 두께로 펴고, 150℃ 오븐에 넣어 색이 나지 않게 25분 동안 굽는다.
06 뜨거울 때 볼에 넣어 풀어주고 04의 파슬리 퓌레를 넣어 섞는다.

구제르

01 냄비에 버터를 녹이고, 박력분, 소금, 그래뉴당을 넣어 약불로 덩어리가 없어질 때까지 볶는다.
02 매끄러워지면 물과 우유를 넣어 섞은 뒤, 그뤼에르 치즈를 깎아서 식용 대나무 숯가루와 같이 넣는다.
03 반죽을 볼에 옮기고 달걀 푼 것을 몇 번에 나눠서 넣는다. 전체가 고르게 될 때까지 잘 섞는다.
04 지름 8mm 둥근 깍지를 낀 짤주머니에 넣어서 오븐팬 위에 지름 1.5cm 크기로 동그랗게 짠다.
05 150℃ 오븐에서 20분 굽는다.

닭간 푸아그라 무스

01 얇게 썬 양파를 식용유를 두른 프라이팬에 올려 색이 나지 않게 볶은 뒤, 믹서로 갈아서 퓌레 상태로 만든다. 250g을 사용한다.
02 믹서에 닭간 푸아그라, 01, 소금을 넣고 갈아서 매끄럽게 만든다.
03 생크림 225g에 옥수수전분을 넣고 걸쭉해질 때까지 데운다.
04 02에 03과 에르브 드 프로방스를 넣어 섞고, 믹서의 마찰열로 80℃까지 온도를 올린다.
05 80℃가 되면 5분 동안 계속 돌리고, 불린 젤라틴, 생크림 300g, 루비 포트를 넣어 1~2분 정도 돌려서 매끄럽게 만든다.
06 틀에 붓고 작업대에 틀째로 살짝 떨어뜨려서 공기를 빼고 완전히 식힌다. 냉장고에 넣고 식혀서 굳힌다.
07 1.5cm 크기로 깍둑썰기하고 파슬리사브레를 묻힌다.

패션프루트와 자몽 소스

01 자몽은 조각조각 떼서 얇은 껍질을 벗긴다.
02 냄비에 넣고 약불로 가열해서 알갱이가 뿔뿔이 흩어지면 시누아로 거른다.
03 액체에 겔에스페사를 조금 넣고 걸쭉하게 만든다.
04 02에서 남은 과육에 패션프루트를 넣고 농도를 보면서 03을 넣는다. 소금과 화이트와인 비네거로 간을 한다.

여뀌잎 파우더

01 여뀌잎을 100℃ 오븐에서 20분 건조시킨다.
02 믹서로 갈아서 파우더 상태로 만든다.

은어구이와 마무리

01 은어를 3장뜨기한다. 머리가 붙어 있는 가운데뼈에 꼬치를 꽂아, 160℃로 가열한 식용유로 타지 않게 튀긴다.

02 살쪽에 소금을 뿌리고 껍질쪽에 쌀가루를 묻힌다. 올리브오일을 두른 프라이팬을 중불에 올려서 껍질쪽을 바삭하게 굽는다. 뒤집어서 살쪽을 살짝 굽는다.

03 은어 내장 파우더를 만든다. 냄비에 식용유를 두르고 다진 마늘을 볶아 향을 낸다.

04 은어 간을 넣고 으깨지지 않도록 볶으면서 수분을 날려, 오일에 쓴맛과 향이 배게 한다. 시누아로 거른다.

05 말토섹과 식용 대나무 숯가루를 넣은 볼에 04의 오일 20㎖를 넣고 섞어서 소보로 상태로 만든다.

06 접시에 닭간 푸아그라 무스를 담고 홍여뀌를 장식한다.

07 강줄기처럼 보이도록 구제르, 아마란스 잎, 애기수영을 장식하고, 접시 왼쪽에 여뀌잎 파우더를 셰이커로 뿌린다.

08 패션프루트와 자몽 소스, 은어 내장 파우더를 뿌리고, 틈사이에 은어살을 세워서 담는다. 튀긴 은어뼈를 장식하여 완성한다.

뱅존으로 향을 낸
화이트 아스파라거스와 곰보버섯 프리카세
사사키 나오부미
p.018

INGREDIENT_ 1인분

화이트 아스파라거스 1개
퓨어 올리브오일 적당량

곰보버섯 프리카세
　무염버터 적당량
　다진 에샬로트 1작은술
　곰보버섯 25g
　소금, 흰 후춧가루 적당량씩
　뱅존 25㎖
　발효크림 40㎖
　생크림(유지방 38%) 60㎖
　퐁 드 볼라유 60㎖
　쥐 드 풀레(p.118 참조) 1.5큰술

루콜라(꽃 포함) 1줄
소금 적당량

HOW TO MAKE

01 화이트 아스파라거스는 껍질을 벗기고 올리브오일을 두른 프라이팬에 올린다. 뚜껑을 덮고 약불로 색이 날 때까지 천천히 굽는다.

02 냄비에 버터를 녹이고 다진 에샬로트를 넣어 색이 나지 않도록 주의하면서 부드러워질 때까지 볶는다.

03 곰보버섯을 넣어 버터와 잘 버무린다. 소금, 흰 후춧가루로 간을 하고, 뱅존 20㎖를 넣어 냄비 바닥에 눌어붙은 육즙을 녹여낸다.

04 발효크림, 생크림, 퐁 드 볼라유, 쥐 드 풀레를 넣고 약불로 8분 동안 끓인다.

05 곰보버섯이 익으면 시누아로 걸러서 접시에 곰보버섯을 담는다.

06 화이트 아스파라거스를 3등분해서 접시에 담는다.

07 곰보버섯 국물에 작게 자른 버터 10g, 뱅존 5㎖를 넣고, 핸드블렌더로 거품을 만들어서 접시에 담는다.

08 꽃 달린 루콜라를 올리브오일과 소금으로 버무려서 올린다.

토마토, 바질, 생햄
오쓰치하시 신야
p.024

INGREDIENT_ 10인분

가스파초
그린토마토 300g
그린파프리카 30g
오이 50g
에샬로트 10g
엑스트라버진 올리브오일 50g
소금 4g

토마토 줄레
토마토 5개
젤라틴 2g
소금, 그래뉴당 적당량씩

생햄 줄레
굵게 다진 생햄 100g
물 500g
한천가루 2g

바질 줄레
물 300g
바질 100g
소금 2g
아가 2g

부라타 치즈 125g
말돈 소금 조금

HOW TO MAKE

가스파초

01 그린토마토, 그린파프리카, 오이, 에샬로트를 듬성듬성 자르고 모든 재료를 섞은 뒤 하룻밤 동안 마리네이드한다.

02 믹서에 넣고 매끄러워질 때까지 간다.

03 굵은 시누아로 걸러서 알갱이를 남긴다.

3가지 줄레

01 토마토는 꼭지를 떼고 껍질째 믹서로 갈아 퓌레로 만든다.

02 냄비에 옮겨서 끓인 뒤 키친타월을 깐 체에 내린다.

03 02의 액체 200g에 물에 불린 젤라틴을 넣은 뒤 시누아로 거른다. 맛을 보고 소금 또는 그래뉴당으로 나머지 간을 한다. 냉장고에 넣고 식혀서 굳힌다.

04 생햄과 물을 냄비에 넣어 끓인 뒤, 약불로 줄이고 거품을 걷어내면서 20분 끓인다.

05 기름과 거품을 꼼꼼히 걷어내고 시누아로 거른 뒤 한 김 식힌다.

06 05의 액체 200g에 한천가루를 넣고 끓인 뒤, 시누아로 걸러서 냉장고에 넣고 식혀서 굳힌다.

07 끓는 물에 바질과 소금을 넣은 뒤 불을 끄고 5분 동안 뜸을 들인다.

08 시누아로 걸러서 상온이 될 때까지 식힌다. 액체 200g에 아가를 넣고 잘 섞는다.

09 다시 끓여서 시누아로 거른 뒤 냉장고에 넣고 식혀서 굳힌다.

마무리

01 유리접시에 부라타 치즈를 담고 말돈 소금을 살짝 뿌린다.

02 가스파초를 붓고 1cm 크기로 깍둑썰기한 생햄 줄레를 올린다.

03 바질 줄레를 스푼으로 떠서 담고 으깬 토마토 줄레를 올린다.

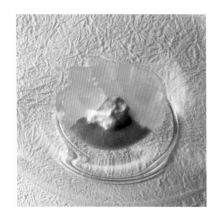

푸아그라, 에스프레소
다카하시 유지로
p.026

INGREDIENT_ 20인분

오렌지 콩카세
감하귤 2개
30보메 시럽 300㎖
레몬즙 적당량

팽 데피스 튀일
박력분 120g
그래뉴당 45g
소금 1.5g
물 150g
녹인 무염버터 60g
아니스파우더, 시나몬파우더,
　　너트메그파우더, 정향파우더 1.5g씩
파스티스 150㎖
다크 럼 150㎖

에스프레소 아가시트
에스프레소커피 300㎖
아가 36g

오리간 푸아그라 1.2kg
소금, 흰 후춧가루, 그래뉴당, 강력분
　적당량씩
미니 크레송, 검은 통후추(굵게 간 것)
　적당량씩

＊ 30보메 시럽은 물과 설탕을 1:1.35의
　비율로 섞어서 만든 시럽.

HOW TO MAKE

오렌지 콩카세

01 감하귤 껍질을 바늘로 찔러서 전체적으로 작은 구멍을 낸다.

02 8번 데쳐서 쓴맛을 제거하고 반으로 잘라 씨를 제거한다. 껍질째 가로세로 5mm 크기로 깍둑썰기한다.

03 시럽과 같이 냄비에 넣고 약불로 부드러워질 때까지 끓인다.

04 1/2 분량을 믹서로 갈아서 퓌레 상태로 만들고 나머지를 넣어 섞는다. 레몬즙으로 간을 한다.

팽 데피스 튀일 파우더

01 튀일용 재료를 모두 볼에 넣고 핸드믹서로 거품이 생기지 않게 저속으로 섞는다.

02 시누아로 걸러서 오븐시트 위에 아주 얇게 편다.

03 100℃ 오븐에서 2시간 동안 건조시키면서 굽는다.

04 믹서로 갈아서 파우더를 만든다.

에스프레소 아가시트

01 에스프레소 머신으로 추출한 에스프레소 커피에 아가를 넣고 끓여서 녹인다.

02 오븐팬에 얇게 붓고 상온에서 시트 상태로 굳힌다.

03 10cm 크기의 정사각형으로 자른다.

푸아그라 푸알레와 마무리

01 푸아그라는 60g씩 잘라서 소금, 흰 후춧가루, 그래뉴당으로 밑간을 한다.

02 전체에 강력분을 뿌리고 중불로 양면이 노릇하게 굽는다.

03 접시에 푸아그라를 담고 푸아그라가 보이지 않게 에스프레소 아가시트를 덮는다.

04 미니 크레송을 위에 올리고, 오렌지 콩카세와 팽 데피스 튀일 파우더를 뿌린다.

05 굵게 간 검은 통후추를 곁들인다.

바윗굴, 오이

다카하시 유지로

p.028

INGREDIENT_ 10인분

오이 10개
플뢰르 드 셀 오이 분량의 2%
바윗굴 10개
소금, 젤라틴, 그래뉴당, 루콜라 꽃
　적당량씩

HOW TO MAKE

오이 줄레와 그라니테

01　오이를 1cm 두께로 둥글게 썰고 플뢰르 드 셀을 뿌려서 골고루 버무린 뒤, 냉장고에서 반나절 동안 마리네이드한다.

02　믹서로 갈아서 퓌레 상태로 만든다.

03　체에 키친타월을 깔고 02를 부어 액체와 건더기를 분리한다.

04　액체를 냄비에 담아 끓이면 녹색 색소가 위로 뜨고 아래쪽 액체는 투명해진다.

05　체에 키친타월을 깔고 04를 내린 뒤 소금으로 간을 한다.

06　05의 액체에 액체의 1.5% 분량의 물에 불린 젤라틴을 넣은 뒤, 냉장고에 넣고 식혀서 굳힌다.

07　03에 남은 건더기를 꽉 짜서 액체를 추출하고 볼에 담는다.

08　07에서 추출한 액체에 액체의 1% 분량의 그래뉴당을 넣는다. 액체질소를 뿌리고 거품기로 부셔서 그라니테를 만든다.

마무리

01　바윗굴은 소금물로 깨끗이 씻고 관자를 분리해 3~4등분한다.

02　접시에 암염을 깔고 굴 껍질을 올린 뒤 굴을 담는다.

03　오이 줄레와 그라니테를 2큰술씩 위에 올리고 루콜라 꽃으로 장식한다.

연어, 비트

가토 준이치

p.032

INGREDIENT_ 4인분

비트와 구스베리 피클

비트 1개
물 100㎖
그래뉴당 100g
사과 비네거 100㎖
구스베리 8알

연어 마리네

연어 120g
소금 1.2g
코리앤더 씨 12알
흰 통후추 12알
카르다몸 12알

딜오일(완성 분량 150㎖)

딜 50g
해바라기오일 100㎖

소스

클램스톡 100㎖
버터밀크 50㎖
생크림(유지방 38%) 15㎖
레몬즙 5g
소금 1g
딜오일 15㎖
마이크로 아마란스 등의 허브 5g
동결건조 비트파우더 5g
동결건조 라즈베리파우더 5g

＊ 클램스톡은 바지락을 물에 넣고 끓인 육수.

HOW TO MAKE

비트와 구스베리 피클

01　냄비에 비트와 물을 충분히 붓고 부드러워질 때까지 끓인 뒤 껍질을 벗긴다.

02　다른 냄비에 분량의 물, 그래뉴당, 사과 비네거를 넣어 끓인다.

03　얼음물 위에 올려서 02의 피클액을 식히고, 비트와 구스베리를 넣어 진공 상태로 만든다. 냉장고에서 1주일 동안 마리네이드한다.

04　비트를 슬라이서로 얇게 썬다.

연어 마리네

01　연어에 소금과 향신료를 뿌리고 6시간 마리네이드한다.

02　물로 살짝 헹군 뒤 수분을 닦아내고 5mm 두께로 자른다.

딜오일

01　믹서에 재료를 넣고 10분 동안 돌린 뒤 면보에 거른다.

플레이팅

01　클램스톡, 버터밀크, 생크림, 레몬즙, 소금을 섞는다. 오일을 넣고 분리된 상태 그대로 소스 그릇에 담는다

02　접시에 연어를 올리고 연어가 보이지 않게 비트 슬라이스로 덮는다.

03　구스베리 피클과 허브를 비트 위에 올리고 2가지 동결건조 파우더를 뿌린다.

04　손님 앞에서 소스를 뿌린다.

사프란 콩디망 오일을 곁들인
산천어 마리네
사사키 나오부미
p.034

INGREDIENT_ 1인분

사프란 콩디망 오일(완성 분량 약 1kg)
양파 250g
에샬로트 150g
마늘 2쪽
타임 4줄
월계수잎 1장
사프란 2꼬집
코리앤더 씨 20g
흰 통후추 40g
레몬즙 500㎖
레몬 껍질 간 것 3~4개 분량
퓨어 올리브오일 200㎖

산천어 필레 45g

산천어 마리네용 재료
소금 적당량
엑스트라버진 올리브오일 적당량
주니퍼베리, 코리앤더 씨 적당량씩

비트 1개
소금, 흰 후춧가루 적당량씩
퓨어 올리브오일 적당량
누에콩 4개
에샬로트 다진 것 1꼬집
레몬즙 적당량
샐러드용 경수채(경수채를 작은 포기로
　재배한 것) 조금

HOW TO MAKE

사프란 콩디망 오일
01 양파, 에샬로트, 마늘은 다진다. 코리앤더
　씨와 흰 통후추는 믹서로 곱게 간다.
02 모든 재료를 밀폐용 유리병에 넣고 냉장고
　에서 4일 이상 재운다.

산천어 마리네
01 산천어에 소금을 뿌리고 2시간 동안 마리
　네이드한다. 표면을 물로 씻어내고 물기를
　잘 닦는다.
02 트레이에 망을 올리고 산천어 껍질이 아래
　로 가게 올린다. 표면이 보송보송해질 때
　까지 말린다.
03 엑스트라버진 올리브오일, 주니퍼베리, 코
　리앤더 씨와 함께 진공 상태로 만들어서
　냉장고에 넣고 2일 동안 마리네이드한다.
　진공 상태 그대로 냉동한다.

마무리
01 산천어를 자연해동한 뒤 껍질쪽을 버너로
　그을린다.
02 비트를 주서로 갈아서 액체만 덜어낸 뒤,
　가열하여 1/2 분량으로 졸인다. 소금, 흰
　후춧가루로 간을 하고 졸인 비트액의 1/2
　분량의 올리브오일을 섞는다.
03 누에콩을 끓는 소금물에 삶고, 잘게 다진
　에샬로트와 올리브오일, 레몬즙, 소금, 흰
　후춧가루를 넣어 버무린다.
04 접시에 산천어를 담고 위에 사프란 콩디망
　오일을 뿌린다.
05 누에콩을 담고 비트 쥐를 몇 군데 뿌린다.
06 샐러드용 경수채를 곁들인다.

쥐 드 뵈프 소스와 짚으로 훈연한
홍두깨살 로스트
이시이 고
p.036

INGREDIENT_ 4인분

쥐 드 뵈프(완성 분량 약 30인분)
와규 힘줄고기 1kg
마늘 2개
양파 1/4개
당근 1/4개
셀러리 1/2개
식용유 적당량
타임 5줄
로즈메리 5줄
퐁 드 보 50㎖
물 500㎖
검은 통후추 적당량
옥수수전분 적당량
소금, 흰 후춧가루 적당량씩

그라 드 뵈프(완성 분량 약 30인분)
와규 비곗살 500g
마늘 2개
양파 30g
당근 30g
셀러리 30g
타임 5줄
로즈메리 5줄

와규 홍두깨살 500g
소금, 검은 후춧가루 적당량씩
무염버터 적당량
흰 후춧가루 적당량
아스파라거스 4개
잎양파 2개
로즈메리 4줄
식용유 적당량
플뢰르 드 셀 적당량
검은 통후추(굵게 간 것) 적당량

HOW TO MAKE

쥐 드 뵈프

01 마늘은 가로로 2등분하고, 양파, 당근, 셀러리는 껍질을 벗겨 가로세로 1㎝ 크기로 깍둑썰기한다.

02 식용유을 두른 프라이팬을 센불에 올리고 힘줄고기 전체가 갈색이 되도록 굽는다.

03 색이 나면 중불로 줄이고 마늘의 단면이 아래로 가게 올린다.

04 향이 나고 마늘에 색이 나면 01의 미르푸아(양파, 당근, 셀러리 등의 향미채소를 잘게 다진 것)를 넣어 볶다가, 타임과 로즈메리를 넣고 다시 볶는다.

05 향이 충분히 나면 체에 올려 기름을 제거한다.

06 냄비에 05, 퐁 드 보, 물, 검은 통후추를 넣고 끓인다.

07 끓으면 약불로 줄이고 거품을 꼼꼼히 걷어내면서 2시간 동안 졸인다.

08 시누아로 걸러서 1/3 분량이 될 때까지 졸인 뒤 소금, 흰 후춧가루로 간을 한다.

09 물에 푼 옥수수전분을 넣고 섞어서 걸쭉하게 만든다.

그라 드 뵈프

01 마늘은 가로로 2등분하고 양파, 당근, 셀러리는 껍질을 벗겨 가로세로 1㎝ 크기로 깍둑썬다.

02 와규 비곗살을 2㎝ 크기로 깍둑썰고 편수 냄비에 넣어 중불로 완전히 녹인다.

03 마늘을 단면이 아래로 가게 올리고, 색이 나면 01의 미르푸아을 넣어 볶는다.

04 타임, 로즈메리를 넣고 볶다가 충분히 향이 나면 시누아로 거른다.

홍두깨살 로스트

01 와규 홍두깨살에 소금, 검은 후춧가루를 뿌리고 밑간을 한 뒤 버터를 두른 프라이팬에 올려 표면을 바싹 익힌다.

02 플라크(철판을 이용한 가열도구) 위 등 따뜻한 곳에서 5분 휴지시키고, 200℃ 오븐에서 7분 굽는다. 꺼내서 따뜻한 곳에 두고 10분 이상 휴지시킨다.

가니시

01 아스파라거스 줄기 아래쪽 1/3의 껍질을 벗기고, 버터를 두른 프라이팬에 노릇하게 볶는다. 소금, 흰 후춧가루로 간을 한다.

02 잎양파는 껍질을 벗기고 끓는 소금물에 5분 정도 데친다

03 버터를 두른 냄비를 중불에 올리고 잎양파를 굴리면서 천천히 볶는다. 전체가 캐러멜색이 되면 반으로 자르고, 단면이 아래로 가게 올려서 색을 낸다. 소금, 흰 후춧가루로 간을 한다.

04 로즈메리는 180℃로 가열한 식용유에 튀겨서 소금을 뿌린다.

마무리

01 주물 코코트에 훈제용 칩(벚나무)을 조금 넣고 위에 짚을 채운 뒤 불을 붙인다.

02 연기가 나면 불을 끄고 홍두깨살 로스트를 올린 뒤, 뚜껑을 덮고 2~3분 동안 훈연해서 향이 배게 한다.

03 접시에 쥐 드 뵈프와 그라 드 뵈프를 담고, 1㎝ 두께로 자른 홍두깨살을 단면이 위로 오게 올린다.

04 아스파라거스와 잎양파를 담고, 플뢰르 드 셀과 굵게 간 검은 통후추를 고기 단면에 살짝 뿌린다. 튀긴 로즈메리로 장식한다.

소라, 브로콜리, 에스카르고 버터
오쓰치하시 신야
p.038

INGREDIENT_ 5인분

소라 15개
셀러리 50g
물 500g
사케 100g
소금 10g

브로콜리 퓌레
　브로콜리(봉우리 부분) 100g
　소금 적당량
　엑스트라버진 올리브오일 20g

민트오일
　식용유 100g
　민트 100g

오이 마리네
　오이 2개
　소금 30g
　다시마 10g

브로콜리와 보라색 콜리플라워 샐러드
　브로콜리(줄기 부분) 1개 분량
　자색 콜리플라워 1개
　소금 적당량
　화이트발사믹 비네거 적당량

소라 소스
　파슬리 50g
　무염버터 50g
　퓨어 올리브오일 30g
　마늘 5g
　에샬로트 20g
　소라 간 5개 분량
　케이퍼 10g
　소금, 흰 후춧가루 적당량씩

셀러리 새싹 적당량
네스트리움 잎 적당량

HOW TO MAKE

소라 삶기
01 셀러리를 얇게 썰어서 물, 사케, 소금과 함께 끓인다.
02 소라를 넣고 5분 데친다.
03 소라를 건져서 식히고 껍데기에서 살을 분리한다. 살과 간으로 나눈다.

브로콜리 퓌레
01 브로콜리를 송이송이 떼어서 끓는 소금물에 넣고 부드러워질 때까지 데친다. 얼음물에 담가 식힌다.
02 믹서에 넣어 부드럽게 간 뒤 올리브오일을 넣어 유화시킨다. 소금으로 간을 한다.

민트 오일
01 170℃로 가열한 식용유에 민트를 넣어 민트가 투명해지고 수분이 없어지면, 얼음물 위에 올려서 남은 열을 식힌다.
02 믹서로 간 뒤 가는 시누아로 거른다.

오이 마리네
01 오이를 2㎜ 두께로 세로로 길게 슬라이스한다.
02 슬라이스한 오이 2장을 가장자리가 조금 겹치게 놓고 돌돌 만다.
03 소금과 다시마를 믹서로 갈아서 섞은 뒤 02에 뿌려서 1시간 동안 마리네이드한다.

브로콜리와 자색 콜리플라워 샐러드
01 브로콜리 줄기와 자색 콜리플라워 줄기를 3㎜ 두께로 자른다.
02 콜리플라워 봉우리를 1㎝ 정도로 잘게 나눈다.
03 01과 02에 각각 화이트발사믹 비네거로 간을 해서, 자색 콜리플라워의 색깔을 선명하게 살린다. 소금으로 간을 맞춘다.

소라 소스
01 파슬리를 로보쿠프로 곱게 간 뒤, 상온의 부드러운 버터를 넣고 다시 갈아서 파슬리 버터를 만든다.
02 올리브오일을 두른 냄비에 다진 마늘을 넣고 향이 날 때까지 볶는다.
03 다진 에샬로트를 넣고 약불로 볶다가, 소라 간과 케이퍼를 넣고 으깨면서 향과 맛을 낸다. 소금, 흰 후춧가루로 간을 한다.
04 믹서로 갈아서 페이스트 상태로 만든다.
05 파슬리버터를 녹이고 소라 간 페이스트를 넣어 갈색이 될 때까지 볶는다.

플레이팅
01 브로콜리 퓌레를 스푼으로 떠서 접시에 살짝 떨어뜨려 무늬를 만든다.
02 퓌레가 파인 부분에 민트 오일을 뿌린다.
03 오이 마리네를 2개 담고 브로콜리와 자색 콜리플라워 샐러드를 올린다.
04 소라를 담고 네스트리움 잎과 셀러리 새싹으로 장식한다.
05 틈사이를 메꾸듯이 소라 소스를 몇 군데에 떨어뜨린다.

마늘향 쥐를 곁들인 닭고기 로티

사사키 나오부미

p.040

INGREDIENT_ 4인분

쥐 드 풀레(완성 분량 500㎖)

닭뼈 1kg
닭날개 500g
식용유 적당량
무염버터 60g
양파 30g
에샬로트 30g
마늘 2쪽
타임 3줄
월계수잎 3장
퐁 드 볼라유 500㎖
물 적당량
퐁 드보 1ℓ

가니시

양배추 4장
무염버터 1큰술
물 2큰술
다진 에샬로트 1꼬집
타임잎 1꼬집
푸아브라드(자주색을 띤 가늘고 긴 모양의
　아티초크) 1개
무염버터 10g
마늘 1쪽
양파 20g
코리앤더 씨 15알
타임 2줄
월계수잎 1/2장
화이트와인 50㎖

퐁 드 볼라유 적당량
풀레 존(프랑스산 토종닭) 가슴살 1마리 분량
소금, 흰 후춧가루 적당량씩
식용유 적당량
무염버터 20g

소스 마무리용 재료

퓨어 올리브오일 적당량
마늘 1쪽
퐁 드 볼라유 50㎖
쥐 드 풀레 2큰술
플뢰르 드 셀, 흰 후춧가루,
　이탈리안 파슬리 적당량씩

HOW TO MAKE

쥐 드 풀레

01 닭뼈와 닭날개를 한입크기로 자른다.
02 편수냄비에 식용유를 두르고 01을 센불로 볶는다. 색이 나기 시작하면 중불로 줄이고, 바닥에 육즙이 눌어붙도록 많이 뒤적이지 않으면서 전체가 진한 갈색이 될 때까지 볶는다.
03 버터를 넣고 얇게 썬 양파와 에샬로트, 껍질째 으깬 마늘, 타임, 월계수잎을 넣고, 타지 않도록 약불에서 향이 날 때까지 볶는다.
04 체에 올려 기름을 뺀다. 이 기름은 요리 마무리에 사용하므로 보관해둔다.
05 퐁 드 볼라유와 물을 자작하게 붓고 퐁 드 보를 넣는다. 센불에 올려서 끓으면 중불로 줄이고 거품을 꼼꼼히 걷어낸다. 닭날개가 뭉그러져서 부드러워질 때까지 1시간 30분 정도 끓인다. 시누아로 거른다.
06 냄비에 다시 옮겨 담고 거품을 걷어내면서 중불로 단시간에 걸쭉하게 끓인다. 가는 시누아로 걸러서 냉장고에 넣고 식힌다. 윗면에 굳어 있는 기름을 꼼꼼히 걷어내고 소스로 사용한다.

가니시

01 양배추는 식감이 남도록 끓는 소금물에 살짝 데친다.
02 버터, 물, 다진 에샬로트, 타임잎을 넣고 섞는다.
03 푸아브라드는 가장자리를 도려낸 뒤 먹는 부분만 남겨서 4등분한다.

04 냄비에 버터, 으깬 마늘, 얇게 썬 양파, 코리앤더 씨, 타임, 월계수잎을 넣어 볶는다.
05 부드러워지고 향이 나기 시작하면 푸아브라드를 넣고 화이트와인을 부어 알코올을 날린다.
06 물을 자작하게 붓고 부드러워질 때까지 12~13분 데친다.

닭가슴살 로티와 마무리

01 퐁 드 볼라유를 68℃로 데운 뒤, 온도를 유지한 상태로 가슴살을 뼈째로 넣고 45~50분 삶는다.
02 뼈를 제거하고 소금, 흰 후춧가루를 뿌린다. 프라이팬에 식용유를 두르고 센불에 올려, 껍질쪽이 아래로 가게 놓고 굽는다. 색이 나면 버터를 넣고 아로제(구울 때 나오는 육즙이나 기름을 끼얹으면서 마르지 않게 굽는 것)하면서 전체를 데운다.
03 냄비에 올리브오일과 얇게 썬 마늘을 넣고 볶다가, 향이 나면 퐁 드 볼라유와 쥐 드 풀레를 넣는다. 중불로 졸여서 걸쭉하게 만들고, 닭뼈와 닭날개를 볶을 때 나온 기름을 1큰술 넣는다.
04 접시에 양배추와 푸아브라드를 담고 그 옆에 소스를 곁들인다.
05 고기를 80g씩 잘라서 올리고 단면에 플뢰르 드 셀과 흰 후춧가루를 뿌린다. 잘게 썬 이탈리안 파슬리를 장식한다.

유자 파우더와 베르무트 버터 소스를 곁들인 굴 뫼니에르

이시이 신스케
p.044

INGREDIENT_ 30인분

베르무트 소스(완성 분량 약 300㎖)
노일리 500㎖
에샬로트 100g
생크림(유지방 38%) 200㎖
소금, 흰 후춧가루 적당량

유자맛 버터파우더(완성 분량 약 60g)
무염버터 50g
유자 2개

돌김 칩(완성 분량 약 250g)
시금치 퓌레 75g
무염버터 25g
달걀흰자 75g
박력분 50g
돌김 30g
소금 2g

굴 30개
강력분, 소금, 퓨어 올리브오일 적당량씩
유자껍질 적당량
차즈기 새싹, 쑥갓 새싹 적당량씩

HOW TO MAKE

베르무트 소스
01 냄비에 노일리주와 다진 에샬로트를 넣고 물이 자작해질 때까지 끓인다.
02 생크림을 넣고 끓여서 소금, 흰 후춧가루로 간을 한다. 시누아로 걸러서 냉장고에 넣고 완전히 식힌다.

유자맛 버터파우더
01 버터를 얇게 슬라이스해서 볼 옆면에 붙인다.
02 유자는 껍질을 벗기고 곱게 다져서 과즙을 짠다.
03 볼에 유자 껍질과 과즙을 넣고 액체질소를 뿌린다. 거품기로 전체를 으깨면서 섞어 파우더 상태로 만든다.
04 핸드블렌더용 밀로 바꾸고 다시 액체질소를 뿌린 뒤, 곱게 갈아서 파우더 상태로 만든다. 스타우브의 미니 코코트에 넣고 냉동실에서 보관한다.

돌김 칩
01 시금치를 데쳐서 믹서로 갈아 퓌레로 만든다. 버터는 녹여둔다.
02 모든 재료를 볼에 넣고 섞은 뒤 실리콘 패드 위에 얇게 편다.
03 140℃ 오븐에서 15분 굽는다.

마무리
01 굴은 껍데기를 제거한 뒤 깨끗이 씻어서 물기를 빼고, 양면에 강력분을 묻힌다.
02 올리브오일을 두른 프라이팬에 올려 한쪽 면을 노릇하게 굽는다. 뒤집어서 소금을 뿌리고 굴이 부드럽게 부풀어오를 때까지 굽는다.
03 접시로 사용할 껍데기는 가열살균하여 오븐에 넣고 데워둔다. 굴을 3등분해서 껍데기에 담고 작은 돌을 올린 대리석 접시 위에 올린다.
04 베르무트 소스에 유자껍질을 조금 넣어 다시 따뜻하게 데우고, 1인분에 10g씩 굴 위에 뿌린다.
05 돌김 칩을 살짝 부셔서 장식하고 2가지 새싹을 올린다.
06 손님 앞에서 유자맛 버터파우더를 1작은술 뿌려서 완성한다.

아침 안개 속에 피는 장미

오야마 게이스케

p.046

INGREDIENT_ 80인분

쇼콜라 크렘 글라세
우유 1200g
생강 120g
트리몰린(전화당) 100g
물엿 40g
그래뉴당 150g
생크림(유지방 38%) 200g
초콜릿(P125, 발로나) 200g

브라우니
달걀 100g
그래뉴당 100g
초콜릿(카카오 66%, 발로나 퓨어 카라이브)
　　150g, 75g
무염버터 125g
박력분 63g
아몬드파우더 18g
헤이즐넛파우더 18g
플뢰르 드 셀 1.2g
베이킹파우더 2.5g
라즈베리 퓌레 20g
코냑 10㎖

초콜릿 에스푸마
달걀노른자 300g
그래뉴당 135g
우유 600g, 300g
초콜릿(카카오 66%, 발로나 퓨어 카라이브)
　　510g
생크림(유지방 38%) 900g

사블레 쇼콜라
카소나드(부분정제 갈색설탕) 187.5g
그래뉴당 152.5g
강력분 70g
박력분 280g
탄산수소나트륨 10g
소금 10g
초콜릿(카카오 66%, 발로나 퓨어 카라이브)
　　300g
카카오파우더 60g
무염버터 300g

가나슈
달걀노른자 50g
그래뉴당 25g
생크림(유지방 38%) 125g
우유 125g
초콜릿(카카오 66%, 발로나 퓨어 카라이브)
　　80g
검은 후춧가루 5g

로즈 프뤼이 루주 소르베
모렐로 체리 퓌레, 라즈베리 퓌레,
　　테이베리(블랙베리와 라즈베리를 교배한
　　품종) 퓌레 300g씩
아마오 딸기(후쿠오카산 고급 딸기 품종)
　　300g
오드비 프랑부아즈(라즈베리 브랜디) 10㎖
그래뉴당 50g
레몬즙 15g
로즈농축액(시판 페이스트) 10g
냉동 라즈베리(브로큰) 500g

가지
강력분 400g
소금 4g
그래뉴당 40g
무염버터 600g
물 160g

튀일
물엿 적당량
그래뉴당 적당량
코코아파우더 적당량

구운 피스타치오 적당량
장미꽃잎(식용) 적당량

HOW TO MAKE

쇼콜라 크렘 글라세
01 우유를 끓기 직전까지 데운 뒤, 얇게 저민 생강을 넣고 10분 정도 두어서 향이 배게 한다.
02 생강을 건져내고 모든 재료를 핸드블렌더로 고르게 섞는다.
03 파코젯 비커에 넣고 얼린 뒤 파코젯으로 갈아서 아이스크림을 만든다.

브라우니
01 달걀과 그래뉴당을 믹서로 갈아서 걸쭉해질 때까지 휘핑한다.
02 다른 볼에 초콜릿 150g과 버터를 녹여서 섞는다.
03 01, 02 이외의 재료를 로보쿠프로 섞는다.
04 01에 02를 넣은 뒤 고무주걱으로 살짝 섞는다.
05 03을 넣고 살짝 섞는다.
06 오븐시트를 깐 오븐팬에 반죽을 넓게 펴고 170℃ 오븐에서 40분 동안 굽는다.
07 냉동한 뒤 로보쿠프로 간다.
08 07의 200g을 덜어서 라즈베리 퓌레와 코냑을 섞은 뒤 냉장보관한다.

초콜릿 에스푸마
01 달걀노른자에 그래뉴당을 넣고 하얗게 변할 때까지 섞는다.
02 우유 600g을 끓기 직전까지 데운다.
03 01에 02를 조금씩 넣고 섞는다. 다시 냄비에 옮겨서 약불로 84℃까지 가열한다.
04 초콜릿에 03을 조금씩 넣어 녹이고, 우유 300g과 생크림을 넣어 섞는다. 에스푸마에 넣고 아산화질소가스를 충전하여 냉장고에서 차게 식힌다.

사블레 쇼콜라

01 버터 이외의 재료를 로보쿠프에 넣고 섞는다. 포마드 상태의 버터를 넣어 한 덩어리로 만든다.

02 밀대를 사용하여 1㎝ 두께의 사각형으로 밀어 오븐팬에 올린 뒤, 170℃ 오븐에서 20분 굽는다.

03 식은 다음 곱게 으깨서 소보로 상태로 만든다.

가나슈

01 달걀노른자에 그래뉴당을 넣고 하얗게 변할 때까지 섞는다.

02 생크림과 우유를 섞어서 불에 올리고 끓기 직전까지 데운다.

03 01에 02를 조금씩 넣으면서 섞는다. 냄비에 옮겨서 약불로 84℃까지 가열한다.

04 초콜릿과 검은 후춧가루를 넣은 볼에 03을 붓고 핸드블렌더로 섞어서 매끄럽게 만든다. 냉장고에서 식힌다.

로즈 프뤼이 루주 소르베

01 냉동 라즈베리 이외의 모든 재료를 볼에 넣고 핸드블렌더로 섞는다. 고운체에 내린 뒤 파코젯 비커에 넣어 냉동한다.

02 파코젯으로 갈아 아이스크림을 만든 뒤 냉동 라즈베리를 섞는다.

가지

01 강력분에 소금과 그래뉴당을 섞는다.

02 녹인 버터와 물을 넣고 섞어서 한 덩어리로 만든다.

03 밀대를 사용하여 5㎜ 두께의 사각형으로 밀고 5㎜ 폭으로 자른다.

04 오븐팬 위에 조금 구부러지게 올린 뒤, 160℃ 오븐에서 20분 동안 굽는다.

튀일

01 물엿과 그래뉴당을 냄비에 담아 진한 갈색으로 살짝 태운 뒤, 불을 끄고 코코아파우더를 넣어 섞는다.

02 실리콘 패드 위에 얇게 펴서 굳힌다.

03 로보쿠프로 갈아서 파우더 상태로 만들고, 차거름망을 이용해서 오븐팬 위에 얇게 뿌린다. 160℃ 오븐에서 1분 구운 뒤 한입 크기로 자른다.

마무리

01 가나슈를 짤주머니에 넣고 3곳에 둥글게 짠 다음 튀일을 꽂는다.

02 초콜릿 에스푸마를 짜고 브라우니와 사블레 쇼콜라를 1큰술씩 뿌린다.

03 쇼콜라 크렘 글라세를 크넬(럭비공)모양으로 만들어서 위에 올린다.

04 잘게 다진 피스타치오를 뿌리고 가지를 장식한다.

05 다른 접시에 로즈 프뤼이 루주 소르베 1큰술과 장미꽃잎을 담은 뒤, 손님 앞에서 액체질소를 뿌리고 스푼으로 부순다.

06 가지 위에 05를 뿌려서 완성한다.

럼레이즌(북유럽의 겨울 이미지)

가토 준이치
p.048

INGREDIENT_ 4인분

럼레이즌 아이스크림
우유 400㎖
생크림(유지방 38%) 100㎖
달걀노른자 5개 분량
그래뉴당 88g
럼레이즌 210g
다크 럼 40㎖

바닐라오일
바닐라빈 2개
해바라기오일 200㎖

바닐라파우더
바닐라오일 40㎖
말토섹(p.107 참조) 50g
슈거파우더 10g

화이트초콜릿 스노
생크림(유지방 38%) 150㎖
화이트초콜릿 200g
달걀흰자 150g

처빌 가지
처빌 줄기 8줄
달걀흰자 50g
슈거파우더 50g
다크 코코아 파우더 50g
몰트 50g

이탈리안 머랭(100개 분량)
달걀흰자 100g
물 65㎖
그래뉴당 145g
사과 비네거 12g

바나나 퓌레
바나나 2개
우유 50㎖

＊ 다크 코코아 파우더는 보통 코코아 파우
더에 비해 색이 진하고 쓴맛이 조금 더 강
하다
＊ 몰트는 구운 맥아가루. 없으면 다크 코코
아 파우더를 100g으로 늘린다.

HOW TO MAKE

럼레이즌 아이스크림
01 우유와 생크림을 냄비에 넣고 끓인다.
02 달걀노른자와 그래뉴당을 골고루 섞는다.
03 01을 02에 넣어 섞고 다시 냄비에 옮겨서 83℃까지 가열한 뒤 상온으로 식힌다.
04 럼레이즌과 다크 럼을 넣고 파코젯 비커에 담아 얼린다.
05 파코젯으로 갈아 퓌레 상태로 만든다.

바닐라오일 파우더
01 바닐라빈 깍지에서 씨를 긁어내고 깍지와 씨를 해바라기오일과 함께 진공 상태로 만든 뒤, 냉장고에 넣고 1주일 동안 그대로 둔다.
02 바닐라오일을 체에 거른 다음, 말토섹과 슈가파우더에 오일 40㎖를 넣고 가루 상태로 만든다.

화이트초콜릿 스노
01 생크림을 냄비에 넣고 끓인 뒤 초콜릿을 넣어 녹인다.
02 달걀흰자를 넣고 핸드믹서로 매끄러워질 때까지 골고루 섞는다.
03 에스푸마에 넣고 아산화질소가스를 충전하여 냉장고에서 차갑게 식힌다.
04 볼에 액체질소를 충분히 넣고 그 속에 에스푸마를 분사하면서 거품기로 부순다.
05 얼린 무스를 믹서로 다시 곱게 갈아서 파우더 상태로 만든다. 냉동보관한다.

처빌 가지
01 처빌은 잎을 떼고 줄기만 사용한다.
02 달걀흰자와 슈거파우더를 섞어서 아이싱을 만든다.
03 다른 볼에 코코아와 몰트를 넣고 섞는다.
04 처빌에 아이싱을 묻힌 뒤 마르기 전에 03을 전체적으로 묻힌다. 1일 동안 건조시킨다.

이탈리안 머랭
01 달걀흰자를 핸드믹서로 80% 휘핑한다.
02 냄비에 나머지 재료를 넣고 117℃까지 가열한다.
03 달걀흰자를 섞으면서 시럽을 조금씩 넣어 윤기 나는 머랭을 만든다.
04 둥근 깍지를 낀 짤주머니에 넣고 오븐팬 위에 지름 1㎝로 둥글게 짠다.
05 90℃ 오븐에서 2시간 건조시킨다.

바나나 퓌레
01 바나나와 우유를 믹서로 갈아서 매끄러운 퓌레를 만든다.

마무리
01 접시에 럼레이즌 아이스크림을 올리고, 주위에 바나나 퓌레를 담는다.
02 화이트초콜릿 스노와 바닐라파우더를 01이 보이지 않을 정도로 듬뿍 올린다.
03 머랭 5개를 올리고 처빌 가지로 장식하여 완성한다.

INGREDIENT_ 4인분

상피뇽 부용
양송이 100g
소금 2g
화이트 아스파라거스 2개

발효 패션프루트 즙
패션프루트 즙 160㎖
보리미소 36g
소금 1.2g
콜리플라워 50g

빵가루(완성 분량 약 140g)
통밀가루빵 300g
부용 드 볼라유 1ℓ
에샬로트 60g
카레가루 0.5g
터메릭 0.5g
팔각 1개
글라스 상피뇽(p.125 참조) 100g
베이컨파우더 5g
양파가루 1g

부라타 소스
부라타 치즈 1개(130g)
마요네즈 30g
엑스트라버진 올리브오일 10㎖
소금 1g
식용국화 적당량

＊ 베이컨파우더는 베이컨을 160℃ 오븐에
서 20분 굽고, 믹서로 갈아서 파우더 상
태로 만든 것.
＊ 양파가루는 양파를 슬라이스해서 디시워
머(건조기)로 3일 동안 건조시킨 뒤, 믹서
로 갈아서 파우더 상태로 만든 것.

HOW TO MAKE

상피뇽 부용으로 아스파라거스 데치기
01 양송이와 소금을 진공 상태로 만들고, 냉
장고에 넣어 1주일 동안 그대로 둔다.
02 양송이를 체에 걸러 다진 뒤 면보에 싸서
짠다. 체에 내린 액체와 짠 즙을 섞는다.
03 화이트 아스파라거스는 심을 제거하고 아
스파라거스 무게의 25% 분량의 상피뇽
부용과 같이 진공 상태로 만든다.
04 63℃ 워터 배스 안에서 40분 데친다.

콜리플라워 마리네이드
01 패션프루트는 과육을 시누아에 걸러서 즙
만 추출한다.
02 패션프루트 즙, 보리미소, 소금을 진공 상
태로 만들어서 냉장고에 넣고 1주일 동안
발효시킨다.
03 콜리플라워를 슬라이서로 얇게 썰어서
02에 넣고 3일 동안 마리네이드한다.

빵가루
01 빵 이외의 재료를 냄비에 넣고 중불로 액
체가 반으로 줄어들 때까지 졸인다.
02 1㎝ 두께로 슬라이스한 빵을 액체에 30초
동안 담근 뒤 오븐팬 위에 나란히 올린다.
03 120℃ 오븐에 40분 동안 굽고 오븐을 끈
뒤 남은 열로 건조시킨다.
04 믹서로 갈아서 가루 상태로 만든다.
05 빵가루 20g에 베이컨파우더 5g과 양파가
루 1g을 섞는다.

부라타 소스
01 부라타 치즈를 잘라서 속을 꺼내고 표면의
막도 같이 섞는다.
02 마요네즈, 올리브오일, 소금을 섞는다.

플레이팅
01 이삭부분을 잘라내고 길이를 2등분한 아
스파라거스에 부라타 소스를 묻혀서 접시
에 담는다.
02 빵가루를 아스파라거스 위에 뿌리고, 콜리
플라워 마리네와 식용국화 꽃잎으로 장식
한다.

마요네즈

INGREDIENT_ 약 300g 분량
달걀노른자 1개
디종 머스터드 15g
레몬즙 10g
소금 적당량
엑스트라버진 올리브오일 50g
식용유 150g

HOW TO MAKE
01 달걀노른자와 머스터드를 거품
기로 골고루 섞는다.
02 레몬즙, 소금을 순서대로 섞고
올리브오일과 식용유를 조금씩
넣어서 유화시킨 뒤 소금으로
간을 한다.

달걀의 알레고리
리오넬 베카
p.054

INGREDIENT_ 4인분

말고기 등심 16g

콩소메 소스(완성 분량 약 400g)
말고기 콩소메(p.127 참조) 1ℓ
정향 2개
트레할로스 3g
그린토마토 농축액 25g
순무 3개

마리네이드액
말고기 콩소메 600㎖
화이트 포트 120㎖
화이트발사믹 비네거 80㎖
소금 12g

셀러리 마요네즈(완성 분량 약 480g)
달걀노른자 30g
디종 머스터드 30g
레몬즙 20㎖
소금, 흰 후춧가루 적당량씩
식용유 300g
퓨어 올리브오일 80g
셀러리오일 12g
생크림(유지방 35%) 8g
굴 4개

마무리용
애호박 적당량
팔삭(귤의 일종) 적당량
셀러리 새싹 적당량
말린 케이퍼파우더 적당량
셀러리잎(다진 것) 15g

＊ 셀러리오일은 셀러리잎과 같은 양의 올
리브오일을 진공 상태로 만들어, 60℃
스팀컨벡션오븐에서 10분 동안 찐 뒤 식
혀서 체에 내린 것.

HOW TO MAKE

말고기 슬라이스
01 말고기를 5×7㎝ 크기로 결을 따라 세로
로 자른다.
02 진공 상태로 만들어서 냉동한다.
03 햄슬라이서를 눈금 3에 맞춰서 얇게 썬 뒤
냉동한다.

콩소메 소스 준비
01 말고기로 만든 콩소메에 정향를 넣고 중불
로 끓인다. 액체가 400g이 될 때까지 졸
인다.
02 트레할로스, 그린토마토 농축액을 넣어 끓
인다. 소금으로 간을 한다.

순무 마리네
01 순무를 가로로 얇게 썰고 마리네이드액 재
료와 같이 진공 상태로 만든다.
02 냉장고에서 2일 동안 마리네이드한다.

셀러리 마요네즈
01 달걀노른자와 머스터드를 거품기로 골고
루 섞은 다음, 레몬즙, 소금, 흰 후춧가루
를 순서대로 넣어 섞는다.
02 섞으면서 식용유를 조금씩 넣고 유화시켜
서 살짝 되직한 마요네즈를 만든다.
03 셀러리오일, 생크림을 순서대로 넣고 골고
루 섞는다.

플레이팅
01 굴은 껍데기를 벗기고 날개(외투막)를 분리
한 뒤 2등분한다.
02 비닐랩을 깐 도마에 순무 슬라이스를 넓게
펼쳐놓는다.
03 말고기 슬라이스를 순무 위에 올리고 키친
타월을 올려서 수분을 흡수시킨다. 말고기
가 완전히 녹으면 키친타월을 떼어낸다.
04 셀러리 마요네즈를 짤주머니에 넣고 5㎝
정도로 짠다.
05 물기를 뺀 굴과 잘게 자른 셀러리잎을 올
리고 살짝 말아서, 이음매가 아래로 가게
접시에 담는다.
06 채썬 애호박, 팔삭 알갱이, 셀러리 새싹을
장식한다. 케이퍼파우더를 살짝 뿌린다.

콩소메 소스에 향을 더해서 붓는다
01 콩소메 소스 400g에 잘게 다진 셀러리잎
15g을 넣어 끓인 뒤, 3분 동안 그대로 두
고 셀러리 향이 배게 한다.
02 체에 걸러 포트에 옮겨 담고, 손님 앞에서
접시에 부어 완성한다.

그린토마토 농축액

INGREDIENT
그린토마토 적당량

HOW TO MAKE
01 그린토마토를 가로세로 5㎜ 크
기로 깍둑썰기하고 믹서로 퓌레
상태가 되게 간다.
02 85℃ 스팀컨벡션오븐에서 20
분 찐다.
03 면보를 깐 체에 붓고 하룻밤 동
안 천천히 내려서 투명한 액체
를 추출한다.

연장
리오넬 베카
p.056

INGREDIENT_ 4인분

엔다이브 마리네
엔다이브 2개
헤이즐넛오일 50㎖
엑스트라버진 올리브오일 100㎖
레몬즙 50㎖
아스코르브산 5g
소금 7g

머위 페이스트
머위 300g
퓨어 올리브오일 적당량
오리 껍질 60g
양파와 셀러리 파우더 20g
헤이즐넛 페이스트 175g
완숙 달걀노른자 130g
트레할로스 50g
트뤼프 즙 60g

트뤼프향 크림
글라스 샹피뇽 10g
트뤼프 즙 75g
생크림(유지방 35%) 600g
사워크림 100g

그린 소스
닭 콩소메 75g
미나리 뿌리 5g
파슬리 퓌레 10g
시금치 퓌레 10g
흑마늘 퓌레 4g
트뤼프 즙 2g
무염버터 60g

＊ 양파와 셀러리 파우더는 양파와 셀러리
를 얇게 썰어서 저온의 오븐에서 건조시
킨 뒤 믹서로 갈아서 만든 것.

HOW TO MAKE

엔다이브
01 엔다이브 마리네 재료를 모두 섞어서 진공
상태로 만든다.
02 90℃ 워터 배스에 넣고 50분 가열한다.
03 꺼내서 15분 동안 그대로 둔 뒤 팩에 들어
있는 채로 얼음물에 담가 식혀서 꺼낸다.
04 다시 진공 상태로 만든다. 이번에는 65초
동안 천천히 진공 상태로 만든다.
05 팩에서 꺼내 잎을 1장씩 분리하고, 면보
위에 나란히 올려 물기를 제거한다.

머위 페이스트
01 머위는 180℃로 가열한 올리브오일에 넣
어 튀긴다.
02 오리 껍질은 200℃ 오븐에서 갈색이 될
때까지 굽는다.
03 돌절구에 모든 재료를 넣고 찧는다. 로보
쿠프에 옮기고 몇 초 동안 갈아서, 완전히
페이스트 상태로 만든다.

트뤼프향 크림
01 모든 재료를 섞는다.

그린 소스
01 닭 콩소메에 잘게 다진 미나리 뿌리를 넣
고 끓인다. 약불로 15분 동안 가열해서 향
이 배게 한다. 시누아로 거른다.
02 파슬리, 시금치는 각각 진공 상태로 만들
어서 중탕으로 가열한 뒤, 믹서에 넣고 퓌
레 상태로 갈아서 시누아로 거른다. 흑마
늘은 믹서에 넣고 퓌레 상태로 갈아서 시
누아로 거른다.
03 버터 이외의 재료를 섞어서 60~70℃ 정
도로 데우고, 찬 버터를 넣은 뒤 핸드블렌
더로 골고루 섞어서 유화시킨다.

플레이팅
01 엔다이브 잎 아래쪽 1/3에 머위 페이스트
를 발라서 꽃처럼 보이게 겹친다.
02 엔다이브 주변에 그린 소스를 붓는다. 핸
드블렌더로 트뤼프향 크림을 거품 상태로
만들어서 그린 소스 위에 올린다.

글라스 샹피뇽

INGREDIENT
양송이 적당량

HOW TO MAKE
01 양송이를 진공 상태로 만들어
서 80℃ 스팀컨벡션오븐에 넣
고 3시간 동안 가열한다.
02 푸드밀을 사용하여 액체를 추출
하고, 10% 분량으로 줄어들 때
까지 졸인다.

INGREDIENT_ 4인분

농축 성대 쥐(100g 사용)
성대 1마리(약 400g)
퓨어 올리브오일 적당량
펜넬파우더 2.5g
셀러리 250g
화이트와인 125㎖
토마토 페이스트 50g
펜넬 400g
토마토 1.2kg
팔각 4개
월계수잎 1장
물 적당량
셰리주 1.5㎖
헤이즐넛오일 2.5㎖
성대 간 2.5g

마늘콩피 퓌레(25g 사용)
마늘 100g
레몬 껍질 5g
오렌지 껍질 3g
타임 1.5g
감초 1g
퓨어 올리브오일 50㎖

아이올리 소스
완숙 달걀노른자 60g
마요네즈 50g
마늘콩피 퓌레 25g
레몬즙 5㎖
볶은 아니스 씨 2g
소금 적당량

펜넬 1개

펜넬 아파레유
리몬첼로 40g
레몬즙 60㎖
퓨어 올리브오일 90g
무염버터 75g
소금 3.5g

노란 파프리카 1개
소금 적당량
콩디망 오일 60㎖
누에콩 12개
베르주 적당량
토마토 칩 적당량
베르가모트 1개
능성어 60g 4조각

생선 아로제용 재료
부용 드 레귐(채소 육수) 적당량
리몬첼로 적당량
레몬즙 적당량
파슬리 적당량

오보로코부 적당량
건조 살구 적당량
콘샐러드, 타임, 완두콩 새싹 적당량씩

＊ 오보로코부는 식초에 절인 다시마를 얇게
썬 것.
＊ 콩디망 오일은 올리브오일에 에샬로트, 월
계수잎, 검은 통후추, 마늘, 펜넬 씨를 넣고
가열해서 향이 배게 한 것.
＊ 베르주는 익지 않은 포도의 즙.
＊ 리몬첼로는 이탈리아산 레몬 리큐어.

HOW TO MAKE

응축 성대 쥐
01 성대를 손질해서 몸통은 6등분, 머리는
2등분한다. 간도 사용하므로 보관해둔다.
02 올리브오일을 두른 냄비에 전체적으로 노
릇해질 때까지 굽는다.
03 펜넬파우더와 얇게 썬 셀러리를 넣고 부드
러워질 때까지 찌듯이 가열한다.
04 화이트와인, 토마토 페이스트를 넣어 5분
동안 끓인다. 3~4㎝ 크기로 듬성듬성 자
른 펜넬과 토마토, 팔각, 월계수잎을 넣고
물을 자작하게 붓는다.
05 끓으면 약불로 줄이고 4시간 가열한다.
06 채소용 푸드밀을 사용해서 거른 뒤 다시
시누아로 거르고, 100g을 덜어서 1/3로
졸인다.
07 셰리주, 헤이즐넛오일, 성대 간을 넣어 걸
쭉해질 때까지 졸인다.

아이올리 소스
01 마늘콩피 퓌레를 준비한다. 마늘을 반으로
자르고 모든 재료를 함께 섞어서 진공 상
태로 만든다. 95℃ 스팀컨벡션오븐에서
2시간 가열한다.
02 마늘을 꺼내 물기를 완전히 제거한 뒤 고
운체에 내린다.
03 완숙 달걀노른자를 고운체에 내리고, 마요
네즈, 02, 레몬즙, 아니스 씨, 소금을 넣어
골고루 섞는다.

펜넬 아파레유
01 아파레유 재료를 모두 섞는다.
02 펜넬은 껍질을 벗기고 4등분해서 01과 함
께 진공 상태로 만든 뒤, 90℃ 스팀컨벡션
오븐에서 30분 가열한다.

가니시 준비
01 파프리카는 4등분해서 씨와 꼭지를 제거
한다. 껍질을 벗기고 트레이 위에 나란히
올린다.
02 소금 3g과 콩디망 오일을 뿌리고 90℃ 스
팀컨벡션오븐에서 1시간 동안 찐 뒤, 남은
열을 식힌다.
03 누에콩은 껍질을 벗기고 끓는 물에 넣어
45초 동안 데친다.
04 뜨거울 때 소금을 넣은 베르주에 담가서
3분 동안 마리네이드한다. 물기를 닦는다.
05 토마토는 슬라이스해서 저온의 오븐에 넣
고, 수분이 완전히 날아갈 때까지 건조시
켜서 토마토 칩을 만든다.
06 베르가모트는 껍질, 하얀 부분, 과육으로
나누어서 각각 부드러워질 때까지 삶는다.
믹서로 갈아서 페이스트 상태로 만든다.

생선 아로제

01 아로제용 재료를 모두 섞는다.

02 01을 넣은 프라이팬에 60g씩 자른 능성
어를 올리고, 아로제하면서 전체적으로 부
드럽게 익힌다.

03 샐러맨더 위쪽에 넣고 불 가까이에서 구워
표면에 구운 색을 낸다.

가니시와 마무리

01 오보로코부는 가능한 한 긴 것을 골라 디
시워머(건조기)에서 1시간 건조시킨다.

02 아이올리 소스를 짤주머니에 넣고 접시에
선을 그린다.

03 펜넬, 파프리카, 누에콩, 건조 살구를 담
고, 베르가모트 페이스트를 짤주머니에 넣
어 짠다. 토마토 칩, 오보로코부, 허브를
장식한다.

04 능성어를 담고 성대 쥐를 뿌린다.

말고기 콩소메

INGREDIENT_ 30ℓ 분량

소뼈(대퇴골) 6kg
소다리살 12kg
닭 4kg(1마리)
말 힘줄고기 4kg
물 50ℓ
양파(로스트용) 2kg
양파 1.2kg
당근 1.2kg
셀러리 500g
리크 150g
토마토 1kg
소금 30g
검은 통후추 8g
부케가르니 1다발

클라리피에용 재료

에샬로트 300g
셀러리 300g
닭고기 다짐육 1kg
말고기(살코기) 3kg

HOW TO MAKE

01 뼈, 고기 종류, 물을 냄비에 넣고 거품
을 걷어내며 끓인다.

02 로스트용 양파는 껍질을 벗겨서 2등분
하고, 플라크에 단면이 닿게 올린 뒤 눌
러서 탄 자국을 낸다.

03 나머지 양파는 껍질을 벗기고 통째로
사용한다. 당근, 셀러리, 리크는 2등분
하고, 토마토는 2등분한 뒤 씨를 제거
한다.

04 01에 02와 03을 넣고 가열하면서 거품
을 더 걷어낸다.

05 소금, 검은 통후추, 부케가르니를 넣
고 약불로 줄인 뒤, 거품을 걷어내면서
1.5일 동안 뭉근하게 끓인다.

06 시누아로 걸러서 상온에 두고 1일 동안
천천히 온도를 내린다.

07 에샬로트와 셀러리를 얇게 자르고 클라
리피에용 재료를 냄비에 넣어 골고루
섞는다.

08 06을 조금씩 넣고 섞어서 고기와 버무
린다. 센불에 올리고 주걱으로 섞으면
서 끓인다.

09 표면에 작은 구멍을 내고 약불로 뭉근
하게 끓여서, 액체가 투명해지고 맛과
향이 잘 배게 한다.

10 면보로 걸러서 다시 냄비에 담고 30ℓ
로 졸인다.

11 냉장고에서 급냉시킨다.

결합
리오넬 베카
p.060

INGREDIENT_ 4인분

죽순 마리네이드액
요거트 100g
소금 5g
꿀 18g
리몬첼로 5g

죽순 500g
무염버터 적당량
우유 5ℓ
건초 20g
송아지 등심 320g
소금, 흰 후춧가루, 식용유 적당량씩

가니시용 밥(완성 분량 약 20인분)
흰쌀 200g
잡곡쌀 48g
찹쌀 28g
흑미 40g
쌀뜨물 320㎖

셀러리악 퓌레
셀러리악 60g
무염버터 적당량

송아지 쉬크(완성 분량 약 20인분)
송아지 어깨살 1kg
클래리파이드 버터 300g
마늘 3쪽
에샬로트 200g
셀러리 100g
당근 200g
화이트와인 500㎖
퐁 드 보 400㎖
소금, 검은 후춧가루, 오렌지 껍질
적당량씩

에멀션 소스
건초 우유 500g
아마레트 5g
무염버터 25g

팽이밥잎 적당량

HOW TO MAKE

죽순
01 마리네이드액 재료를 섞는다. 죽순은 껍질을 벗긴다.
02 죽순 1개당 죽순 무게의 30%에 해당하는 마리네이드액을 넣고 각각 진공 상태로 만든다.
03 60℃ 워터 배스에 넣어 45분 가열한다.
04 남은 열을 식히고 진공 상태로 2일 동안 그대로 둔다.
05 팩에서 죽순을 꺼내 세로로 8등분한 뒤, 버터를 두른 프라이팬에 올려 기름에 버무리면서 구워 색을 낸다.

송아지 등심 건초 우유 마리네
01 우유에 건초를 넣고 65℃까지 데운 뒤, 2시간 동안 상온에 두어 우유에 건초향이 배게 한다.
02 송아지 등심에서 갈비뼈를 제거하고 건초 우유에 담가 냉장고에 넣고, 12시간 동안 마리네이드한다.

가니시용 밥
01 흰쌀, 잡곡쌀, 찹쌀, 흑미를 모두 섞어서 씻고 쌀뜨물은 따로 보관해둔다.
02 쌀뜨물 320㎖에 쌀을 넣고 냉장고에서 6시간 재운다.
03 냄비에 담고 뚜껑을 덮어 중불로 20분 가열한 뒤 20분 뜸을 들인다.

셀러리악 퓌레
01 셀러리악을 3㎝ 크기로 깍둑썰기한다. 쿠킹페이퍼 전체에 버터를 바르고 셀러리악을 싼다. 쿠킹페이퍼에 싼 채 진공 상태로 만든다.
02 95℃ 스팀컨벡션오븐에서 1시간 동안 가열한다.
03 팩에서 꺼내 써머믹스(열 조절이 가능한 믹서)로 갈고, 버터 10g을 조금씩 넣어서 유화시킨다. 수분이 부족하면 생크림(분량 외)으로 농도를 조절한다.

송아지 쉬크
01 송아지 어깨살을 가로세로 1㎝ 크기로 깍둑썰기하고, 클래리파이드 버터와 마늘을 넣은 냄비에 넣어 전체가 갈색이 될 때까지 골고루 볶는다.
02 다진 에샬로트, 셀러리, 당근을 넣고 전체가 노릇노릇해질 때까지 주걱으로 골고루 섞는다.
03 화이트와인을 넣고 끓이면서 거품을 걷어내고, 약불로 수분이 1/5로 줄어들 때까지 조린다. 기름이 분리되기 시작하면 푸드밀로 거른다.
04 퐁 드 보를 넣고 소금, 검은 후춧가루, 오렌지 껍질 간 것을 넣어 간을 조절한다.

에멀션 소스
01 송아지 등심을 마리네이드한 건초 우유 500㎖에 아마레트를 넣고 60℃까지 데운다.
02 버터를 넣고 핸드블렌더로 갈아서 버터를 녹이고 거품을 낸다.

마무리
01 송아지 등심에 소금, 흰 후춧가루를 뿌리고, 식용유를 두른 프라이팬에 올린다. 250℃ 오븐에서 속이 핑크색으로 변할 때까지 천천히 굽는다.
02 접시에 팔레트나이프로 셀러리악 퓌레를 바르고, 80g으로 잘라서 나눈 송아지 등심과 죽순을 담는다.
03 밥을 조금씩 담고 송아지 쉬크와 에멀션 소스를 곁들인다. 팽이밥 잎을 장식한다.

사슴고기, 보르시, 피로시키

오쓰치하시 신야
p.064

INGREDIENT_ 10인분

사슴 다리살 500g
소금, 흰 후춧가루 적당량씩
무(자색, 붉은색) 1개씩
비트(빨강, 노랑) 1개씩
붉은 순무 1개
엑스트라버진 올리브오일 적당량
사워크림 50g
우유 적당량

카시스 소스

카시스 퓌레 100g
겔에스페사(p.107 참조) 1g

화이트카시스 40개
말돈 소금 적당량
피로시키 10개

HOW TO MAKE

01 사슴 다리살에 소금, 흰 후춧가루를 뿌려서 간을 하고 비닐랩으로 싼다.
02 샐러맨더 아래쪽에 넣고 불과 멀리 떨어진 위치에서 20분 동안 속까지 찌듯이 천천히 굽는다.
03 겉면은 잘라내고 가로세로 2㎝ 크기로 깍둑썰기한다.
04 뿌리채소는 각각 얇게 잘라서 지름 1.8㎝, 지름 2.4㎝ 틀로 동그랗게 찍는다. 소금과 올리브오일로 간을 한다.
05 사워크림에 소금으로 간을 하고 점을 그리기 쉬운 농도가 되도록 우유를 넣어 묽게 만든다.
06 카시스 퓌레에 겔에스페사를 넣고 믹서로 매끄러워질 때까지 섞는다.
07 접시에 지름 9㎝ 세르클틀을 올리고 속에 뿌리채소를 채운 뒤 틀을 제거한다.
08 디스펜서에 카시스 퓌레와 사워크림을 각각 넣고, 뿌리채소 위 아래로 삼각형이 되도록 번갈아 짜서 점을 그린다.
09 화이트카시스를 장식하고 사슴고기를 뿌리채소 위에 담는다. 말돈 소금을 자른 면에 뿌린다.
10 피로시키는 반으로 잘라서 다른 접시에 담아 곁들인다.

피로시키

INGREDIENT_ 30개 분량

브리오슈 반죽

박력분(리스도르) 350g
강력분 150g
드라이이스트 10g
그래뉴당 60g
소금 12g
달걀 300g
물 125g
무염버터 250g

사슴고기 라구

사슴고기(다짐육) 500g
식용유, 무염버터 적당량씩
양파 1개
주니퍼베리(가루) 20g
검은 후춧가루 3g
루비 포트 200㎖
레드와인 200㎖
퐁 드 보 300㎖ / 소금 적당량

식용유 적당량

HOW TO MAKE

반죽

01 물, 버터 이외의 재료를 모두 볼에 넣고 믹서로 점성이 생길 때까지 잘 반죽한다.
02 작업대 위에 올리고 반죽 가운데를 움푹하게 판 뒤, 물을 5번에 나눠서 조금씩 넣고 뭉친다.
03 상온의 버터를 넣고 골고루 잘 섞는다.
04 한 덩어리로 만들어서 볼에 넣고 비닐랩을 씌운 뒤, 상온에서 2시간 동안 1차 발효시킨다.
05 펀치해서 가스를 빼고 다시 냉장고에 넣어 6시간 발효시킨다.

사슴고기 라구

01 식용유를 두른 프라이팬에 사슴고기를 올리고 센불로 탄 자국이 날 때까지 잘 볶는다.
02 버터를 두른 냄비에 다진 양파를 넣고 갈색으로 변할 때까지 볶는다.
03 01, 주니퍼베리, 검은 후춧가루를 넣고 향이 나면 루비 포트와 레드와인을 넣어 알코올과 수분을 날린다.
04 퐁 드 보를 넣어서 걸쭉해질 때까지 조린다.
05 소금으로 간을 하고 얼음물 위에 올려서 식힌다.

마무리

01 반죽 40g을 둥글게 밀어서 편 뒤 라구 30g을 올려서 싼다. 오븐팬에 나란히 올리고 상온에서 1시간 동안 2차 발효시킨다.
02 200℃ 오븐에서 12분 굽고, 180℃로 가열한 식용유로 표면이 노릇해지게 튀긴다.

허브 버터를 곁들인 램 로스트

사사키 나오부미

p.066

INGREDIENT_ 1인분

크루트 데르브(완성 분량 약 1kg)
파슬리 150g
무염버터 600g
고운 빵가루 180g
에샬로트 2개
소금, 흰 후춧가루 적당량씩

쥐 다뇨(완성 분량 약 500mℓ)
새끼양 뼈와 자투리고기 총 1kg
식용유 적당량
무염버터 60g
양파 30g
에샬로트 30g
마늘 2쪽
타임 3줄
월계수잎 3장
퐁 드 볼라유 500mℓ
물 적당량
퐁 드 보 1ℓ

토마토 1개
퓨어 올리브오일 적당량
소금, 흰 후춧가루 적당량씩
타임 2줄
만간지 고추 1개
새끼양 등심 1조각
마늘 1쪽
식용유 적당량

소스 마무리용 재료
퓨어 올리브오일 적당량
마늘 1쪽
퐁 드 볼라유 50mℓ
쥐 다뇨 2큰술

타임(가니시용) 3줄
루콜라 적당량

＊ 만간지 고추는 아삭하고 단맛이 있는
교토산 고추.

HOW TO MAKE

크루트 데르브

01 파슬리를 로보쿠프로 곱게 간 뒤 포마드
상태의 버터를 넣어 선명한 색깔의 퓌레를
만든다.

02 빵가루를 넣고 섞은 뒤 볼에 옮겨 담고
1~2mm 크기로 깍둑썰기한 에샬로트, 소
금, 흰 후춧가루를 넣어 섞는다.

03 오븐시트에 올리고 밀대를 사용해서 3mm
두께로 민 뒤 비닐랩을 씌워 냉동한다.

쥐 다뇨

01 새끼양 뼈와 자투리고기를 한입크기로 자
른다.

02 편수냄비에 식용유를 두르고 01을 넣어
센불로 볶는다. 색이 나기 시작하면 중불
로 줄이고, 바닥에 육즙이 눌어붙도록 많
이 움직이지 않으면서, 전체적으로 진한
갈색이 날 때까지 볶는다. 체에 올려 기름
을 제거한다.

03 02를 냄비에 옮겨 담고 버터를 넣은 뒤,
얇게 썬 양파와 에샬로트, 껍질째 으깬 마
늘, 타임, 월계수잎을 넣어 타지 않도록 약
불로 향이 날 때까지 볶는다.

04 체에 올려 기름을 뺀다. 이 기름은 마무리
할 때 사용하므로 따로 보관해둔다.

05 퐁 드 볼라유와 물을 자작하게 붓고 퐁 드
보를 넣는다. 센불로 끓여서 끓기 시작하
면 중불로 줄이고, 거품을 꼼꼼히 걷어내
면서 1시간 30분 정도 졸인다. 시누아로
거른다.

06 냄비에 옮겨 담고 중불로 거품을 걷어내면
서 단시간에 걸쭉하게 끓인다. 가는 시누
아로 걸러서 냉장고에 넣고 식힌다. 윗면
에 굳은 기름을 꼼꼼히 제거한 뒤 소스에
사용한다.

가니시

01 토마토는 뜨거운 물에 데쳐서 껍질을 벗긴
뒤 반으로 잘라 씨를 제거한다. 올리브오
일을 두르고 소금, 흰 후춧가루를 뿌린 뒤,
타임 1줄을 올려 100℃ 오븐에서 6시간
건조시킨다.

02 만간지 고추는 반으로 잘라 씨를 제거하고
올리브오일을 뿌린다. 그릴로 살짝 색이
나도록 굽는다.

새끼양 로스트와 마무리

01 프라이팬에 타임 2줄, 으깬 마늘, 식용유
를 넣고 중불로 가열하여, 향이 나면 새끼
양 등심을 넣고 아로제하면서 굽는다.

02 소스를 완성한다. 냄비에 올리브오일과 얇
게 자른 마늘을 넣어 볶다가, 향이 나면 퐁
드 볼라유, 쥐 다뇨를 넣는다. 중불로 졸여
서 걸쭉하게 만든 뒤, 새끼양 뼈와 자투리
고기를 볶을 때 나온 기름을 1큰술 넣는다.

03 타임을 올리브오일로 향이 날 때까지 볶
는다.

04 크루트 데르브를 지름 8cm 세르클틀로 찍
어서 접시에 담고 샐러맨더에서 녹인다.

05 새끼양 등심, 만간지 고추, 말린 토마토를
올린다.

06 타임잎을 새끼양 로스트 위에 올리고 소스
를 뿌린다. 루콜라로 장식한다.

은어 춘권과 간 소스

이시이 신스케

p.068

INGREDIENT_ 8인분

간과 콜리플라워 크림
콜리플라워 1개
생크림(유지방 38%) 150㎖
우유 100㎖
소금 적당량
은어 간 2마리 분량
흰 후춧가루 적당량

은어 8마리
식용유, 소금 적당량씩
춘권피 8장
달걀흰자 적당량
소스 아메리케느 80㎖
생크림(유지방 38%) 20㎖
여뀌잎 적당량
발사믹 비네거 적당량
래디시, 레드소렐 적당량씩

HOW TO MAKE

간과 콜리플라워 크림
01 콜리플라워를 송이송이 떼어 생크림, 우유, 소금 3g과 같이 냄비에 넣고 끓이다가, 끓으면 약불로 줄이고 으깨져서 걸쭉해질 때까지 20분 동안 끓인다.
02 액체와 같이 믹서에 넣고 갈아서 페이스트 상태로 만든다. 100g을 사용한다.
03 은어 간을 비닐랩으로 싸고 500W 전자레인지에 넣어 30초 가열한다.
04 뜨거울 때 콜리플라워 크림에 넣고 고운체에 내린다. 소금, 흰 후춧가루로 간을 한다.

은어 춘권
01 은어를 3장뜨기하고 가운데뼈, 머리, 꼬리를 180℃로 가열한 식용유에 튀긴다. 가운데뼈는 4분, 머리와 꼬리는 6분 정도가 적당하다. 소금을 뿌려 간을 한다.

02 춘권피를 펼쳐서 살을 올리고 소금을 뿌린 뒤 가운데뼈를 올린다. 다른 1장의 살을 위에 올리고 소금을 뿌린다. 춘권피로 싸고 가장자리에 달걀흰자를 발라서 붙인다.
03 180℃로 가열한 식용유로 춘권피가 노릇해질 때까지 3분 정도 튀긴다.

마무리
01 소스 아메리케느에 생크림을 넣고 살짝 끓여서 농도를 조절한다.
02 여뀌잎을 볼에 넣고 액체질소를 뿌려서 스푼 등으로 잘게 부순다.
03 춘권피에 은어 머리와 꼬리를 꽂아서 접시에 담는다.
04 간과 콜리플라워 크림을 코르네(고깔모양으로 접은 짤주머니)에 넣어 춘권 위에 짠다. 슬라이스한 래디시와 레드소렐로 장식한다.
05 발사믹 비네거와 01을 각각 스푼으로 뿌리고 여뀌잎으로 장식한다.

소스 아메리케느

INGREDIENT_ 800㎖ 분량
바닷가재 머리와 껍질 총 5kg
양파 400g
당근 200g
셀러리 100g
마늘 1개
퓨어 올리브오일 80㎖
토마토 페이스트 50g
페르노주 80㎖
브랜디 40㎖
부용 드 볼라유 1ℓ
물 적당량
월계수잎 3장
암염 조금

HOW TO MAKE
01 바닷가재 머리와 껍질은 아가미 등을 제거하고 한입크기로 자른다.
02 오븐팬에 올리고 180℃ 오븐에서 수분이 날아갈 때까지 건조시킨다.
03 양파, 당근, 셀러리는 껍질을 벗기고 가로세로 2cm 크기로 깍둑썰기한다. 마늘은 두께를 2등분한다.
04 들통냄비에 올리브오일을 두르고 중불에 올린 뒤, 마늘을 단면이 아래로 가게 넣는다.
05 향이 나면 03의 미르푸아를 넣고 부드러워질 때까지 볶는다.

06 토마토 페이스트를 넣어 잘 섞은 다음 02를 넣고, 페르노주와 브랜디를 넣어 알코올을 날린다.
07 부용 드 볼라유를 넣고 물을 자작하게 붓는다. 월계수잎과 암염을 넣고 중불로 1시간 30분 끓인다.
08 껍질을 으깨면서 시누아로 거른다.
09 1/8로 줄어들 때까지 졸인다.

레몬 쿨리와 제철채소 그리예,
광어 푸알레

사사키 나오부미
p.070

INGREDIENT_ 1인분

쿨리 드 시트론(완성 분량 약 350g)

레몬 8개
그래뉴당 적당량
물 40㎖
현미유 50㎖
퓨어 올리브오일 50㎖

비네그레트 쥐 드 비앙드
(완성 분량 약 300g)

에샬로트 30g
마늘 1/2쪽
퐁 드 보 200㎖
퐁 드 볼라유 100㎖
검은 통후추, 흰 통후추, 코리앤더 씨
　5g씩
타임 1줄
월계수잎 1/2장
셰리 비네거 1큰술
레드와인 비네거 1큰술
소금, 흰 후춧가루 적당량씩
퓨어 올리브오일 적당량

감자 뇨키(완성 분량 약 700g)

감자(기타아카리) 500g
박력분 200g
퓨어 올리브오일 30㎖
달걀노른자 1개
소금 적당량

무염버터 적당량
근대, 아스파라거스 2개씩
퓨어 올리브오일 적당량
소금, 흰 후춧가루 적당량씩
광어 필레 55g
괭이밥 적당량
레몬껍질 간 것 적당량

＊ 기타아카리 감자는 홋카이도현에서 생산
　하는 속이 노란 감자 품종.

HOW TO MAKE

쿨리 드 시트론

01 레몬 껍질을 벗기고 껍질 안쪽의 흰 부분을 꼼꼼히 제거한다. 껍질을 3번 데친다.

02 과육은 주변의 흰 부분과 씨를 제거하고 2㎜ 두께로 둥글게 썬다.

03 껍질과 과육의 1/3 분량의 그래뉴당을 냄비에 함께 넣고 물을 붓는다. 끓으면 약불로 줄이고, 종이로 만든 오토시부타를 덮는다. 중간에 몇 번 저어주면서 15분 정도 가열하고, 껍질이 손으로 으깨질 정도로 부드럽게 익힌다.

04 액체와 함께 믹서에 넣고 갈아서 퓌레로 만들고, 현미유와 올리브오일을 조금씩 넣어서 유화시킨다.

비네그레트 쥐 드 비앙드

01 에샬로트는 1~2㎜로 깍둑썰기하고 마늘은 으깬다. 냄비에 비네거 종류, 소금, 흰 후춧가루, 올리브오일 이외의 재료를 모두 넣고 중불로 걸쭉하게 조린다. 시누아로 거른다.

02 셰리 비네거와 레드와인 비네거를 넣고 소금, 흰 후춧가루로 간을 한다. 올리브오일을 조금 떨어뜨린다.

감자 뇨키

01 감자는 껍질째 삶은 뒤 껍질을 벗기고 고운체에 내린다.

02 박력분을 넣고 골고루 섞다가 올리브오일을 넣고 섞는다.

03 달걀노른자를 넣고 반죽한 뒤 길이 2㎝ 막대모양으로 민다.

04 2㎝ 폭으로 잘라서 둥글린 뒤, 포크로 눌러서 끓는 소금물에 삶는다.

05 버터를 녹인 프라이팬에 살짝 볶아서 표면에 색을 낸다.

마무리

01 근대와 아스파라거스는 각각 올리브오일을 두른 프라이팬에 살짝 볶은 뒤 소금, 흰 후춧가루로 간을 한다. 근대는 잎과 줄기를 분리한다.

02 광어에 소금, 흰 후춧가루를 뿌리고 10분 동안 그대로 두어서 수분을 뺀 뒤 닦아낸다.

03 프라이팬에 올리브오일을 두르고 껍질쪽이 아래를 가게 올려서 구운 색이 날 때까지 굽는다.

04 뒤집어서 샐러맨더 위쪽에 넣고 불 가까이에서 껍질이 바삭하게 굽는다.

05 접시에 쿨리 드 시트론을 깔고 광어, 근대, 아스파라거스, 뇨키 2개를 담는다.

06 비네그레트 쥐 드 비앙드를 뿌리고 괭이밥으로 장식한다.

07 레몬껍질을 갈아서 뿌린다.

금눈돔 다이야키
이시이 신스케
p.074

INGREDIENT_ 2인분

무스(완성 분량 약 500g)
흰살생선(광어, 농어 등) 200g
가리비관자 100g
생크림(유지방 38%) 100g
달걀흰자 120g
소금 10g
카옌페퍼 적당량

퓌이타주 적당량
금눈돔 필레 30g 2조각
달걀 적당량

가니시
완두콩 20g
소금 적당량
퓨어 올리브오일 적당량
머위 3g
가리비관자 1/4개

토마토 버터 소스
방울토마토 200g
소금 적당량
퓨어 올리브오일 50㎖
무염버터 80g
흰 후춧가루 적당량

나스타튬 잎과 꽃 적당량

HOW TO MAKE

금눈돔 다이야키

01 흰살생선과 가리비관자를 로보쿠프로 갈아서 페이스트 상태로 만들고 생크림을 넣는다.

02 잘 섞이면 달걀흰자를 넣어 다시 섞은 뒤, 소금, 카옌페퍼를 넣어 간을 한다.

03 퓌이타주를 2㎜ 두께로 밀어서 7×11㎝ 직사각형으로 자른다.

04 짤주머니에 무스를 넣어 퓌이타주 위에 10g을 짜고 금눈돔을 올린다.

05 퓌이타주 가장자리에 달걀물을 바르고, 다른 1장의 퓌이타주를 덮어서 붙인다.

06 다이야키(붕어빵) 모양의 와플팬으로 12분 굽는다.

가니시

01 완두콩을 끓는 소금물에 삶는다.

02 불소수지가공 프라이팬에 올리브오일을 두르고, 다진 머위를 넣어 향이 날 때까지 볶는다.

03 2㎜ 크기로 깍둑썰기한 가리비관자와 완두콩을 넣고, 관자가 레어 상태가 되도록 가볍게 버무린다.

토마토 버터 소스와 마무리

01 방울토마토에 소금 3g을 뿌리고 올리브오일을 두른 냄비에 넣는다. 오일로 잘 버무리면서 껍질이 부드러워질 때까지 볶는다.

02 믹서로 갈아 퓌레 상태로 만들고 굵은 시누아로 거른다.

03 냄비에 옮겨 담고 1/2로 줄어들 때까지 졸인다.

04 잘게 자른 차가운 버터를 조금씩 넣고 냄비를 흔들어서 녹인다. 소금, 흰 후춧가루로 간을 한다.

05 접시 가운데에 토마토 버터 소스를 동그랗게 담고 금눈돔 다이야키를 올린다.

06 위쪽에 준비한 가니시를 담고 나스타튬 잎과 꽃을 장식한다.

양고기, 폴렌타, 피타빵

오쓰치하시 신야
p.072

INGREDIENT_ 6인분

양고기 어깨살 조림
양고기 어깨살 500g
양파 1/2개
당근 1/2개
셀러리 1대
토마토 3개
하리사 15g
커민 씨 5g
코리앤더 씨 5g
아니스 씨 3g
검은 통후추 5g
셀러리 씨 5g
파프리카파우더 10g
퓨어 올리브오일 적당량
화이트와인 50㎖
퐁 드 볼라유 500㎖
소금 적당량

토마토 적당량
소금 적당량
새끼양 등심 1덩어리
소금, 검은 후춧가루 적당량씩
식용유 적당량

폴렌타 소스
폴렌타 가루 50g
무염버터 20g
우유 100g
퐁 드 볼라유 200㎖
옥수수 퓌레(시판품) 50g
리코타 몬텔라 적당량

아보카도 과카몰리
아보카도 1개
에샬로트 1/2개
소금 적당량
라임껍질, 라임즙 1/4개씩
타바스코 그린페퍼,
　　엑스트라버진 올리브오일 적당량씩

적양배추 마리네
적양배추 1/4개
퓨어 올리브오일 적당량
레드와인 비네거 적당량
소금 적당량

병아리콩 페이스트
삶은 병아리콩 50g
요거트 50g
퓨어 올리브오일 적당량
소금, 흰 후춧가루 적당량씩

가지 1개
로메인상추 적당량
화이트와인 비네거 적당량
고수 새싹 적당량
소금 절임 베르가모트 껍질(시판품) 적당량
피타빵 3개
베르가모트 오일(시판품) 적당량

＊ 하리사는 홍고추와 향신료를 함께 갈아서
　페이스트 상태로 만든 북아프리카의 소스.

HOW TO MAKE

양고기 어깨살 조림

01 어깨살은 가로세로 3㎝ 크기로 깍둑썰기
하고, 양파, 당근, 셀러리는 1.5㎝ 크기로
깍둑썰기한다. 토마토는 세로로 8등분하
고 하리사와 향신료는 모두 섞어둔다.

02 올리브오일을 두른 냄비를 중불에 올리고
어깨살을 넣어서 갈색이 될 때까지 볶는다.

03 당근을 넣고 부드러워지면 양파와 셀러리
를 넣고 갈색이 될 때까지 볶는다.

04 향신료 종류를 모두 넣어 향을 내고 화이
트와인을 넣은 뒤, 냄비에 눌어붙은 육즙
을 녹여낸다.

05 퐁 드 볼라유와 토마토를 넣고 끓으면 거
품만 건어내고 약불로 3시간 끓인다.

06 고기만 건져서 가로세로 1㎝ 크기로 깍둑
썰기한다.

07 조림국물이 걸쭉해질 때까지 끓인 뒤 시누
아로 걸러서 소금으로 간을 한다.

토마토 콩피

01 토마토를 세로로 8등분해서 씨를 제거하
고, 소금을 뿌려서 오븐시트에 나란히 올
린다.

02 120℃ 오븐에서 2시간 구워 수분을 날리
고 가늘게 채썬다.

새끼양 로스트

01 등심은 여분의 지방을 떼어내고 갈비뼈를
제거한다. 소금, 검은 후춧가루를 뿌려서
밑간을 한다.

02 식용유를 두른 프라이팬을 중불에 올려 새
끼양 등심 표면에 색이 살짝 나게 굽는다.

03 샐러맨더 위쪽에 넣고 불 가까이에서 30분
정도 구워 천천히 속까지 익힌다.

폴렌타 소스

01 프라이팬에 폴렌타 가루와 버터를 넣고 약
불로 데운다.

02 우유와 퐁 드 볼라유를 넣고 전체가 뭉쳐
지도록 반죽한 뒤 옥수수 퓌레를 넣는다.

03 리코타 몬텔라를 넣고 간을 한다. 농도는
우유로 조절한다.

가니시

01 아보카도는 가로세로 1cm 크기로 깍둑썰
기하고, 다진 에샬로트, 소금, 라임껍질 간
것, 라임즙, 타바스코 그린페퍼, 올리브오
일을 넣어 간을 한다.

02 적양배추는 채썰어서 올리브오일을 두른
프라이팬에 올리고, 색은 나지 않고 식감
이 남을 정도로 볶는다.

03 레드와인 비네거와 소금으로 간을 한다.

04 부드럽게 삶은 병아리콩을 요거트와 같이
믹서로 갈아서 퓌레 상태로 만든다. 올리
브오일을 넣고 소금과 흰 후춧가루로 간을
한다.

05 가지는 가로세로 1cm 크기로 깍둑썰어서
160℃로 가열한 식용유에 튀긴다. 소금을
뿌린다.

06 로메인상추를 찢어서 소금, 화이트와인 비
네거로 간을 한다.

플레이팅

01 접시에 지름 6cm 세르클틀을 놓고 아보카
도 과카몰리를 채운다. 틀을 제거하고 로
메인상추로 장식한다.

02 접시 가운데에 폴렌타를 둥글게 깔고 살짝
옴폭하게 만든 뒤, 양고기 어깨살 조림과
토마토 콩피를 올린다.

03 1조각씩 자른 등심을 올리고 고수 새싹과
채썰어서 소금에 절인 베르가모트 껍질을
뿌린다.

04 피타빵을 반으로 잘라서 속에 적양배추 마
리네와 튀긴 가지를 채운다.

05 접시 가장자리에 병아리콩 페이스트를 깔
고 피타빵을 위에 올린다.

06 폴렌타 주변에 베르가모트 오일을 살짝 뿌
려서 마무리한다.

피타빵

INGREDIENT_ 20개 분량

강력분 250g
물 150g
드라이이스트 4g
그래뉴당 10g
소금 3g
식용유 20g

HOW TO MAKE

01 모든 재료를 섞어서 윤기가 날
때까지 반죽한다.

02 한 덩어리로 뭉쳐서 둥글게 모
양을 만들고, 볼에 넣어 비닐랩
을 씌운다. 상온에서 2시간 동
안 1차 발효시킨다.

03 20개로 분할하여 각각 둥글린
뒤 다시 15분 휴지시킨다.

04 밀대를 사용하여 5mm 두께로 밀
고 지름 9cm 세르클틀로 찍는다.

05 200℃ 오븐에서 5~10분 굽는다.

몽블랑 크림을 얹은 부뎅 누아 타르트

이시이 고

p.076

INGREDIENT_ 20인분

파르스
족발 3개
돼지 귀 2개
돼지 혀 4개
양파 1개
당근 1개
셀러리 3대
흰 통후추 적당량
부케가르니 1다발

부뎅 누아
(28×9㎝, 높이 8㎝ 테린틀 1개 분량)
무염버터 적당량
마늘 1쪽
양파 1/2개
사과 1/2개
돼지 등지방 80g
생크림(유지방 35%) 100g
우유 100g
돼지 피 500g
소금 20g
흰 후춧가루 4g
그래뉴당 30g
코냑 30㎖
무염버터 적당량
푀이타주 적당량
양파 1개
소금 적당량

초콜릿 소스
에샬로트 1/2개
레드와인 100㎖
퐁 드 보 100㎖
초콜릿(카카오 65%) 10g
코코아파우더, 소금, 흰 후춧가루
　적당량씩

가니시
누에콩 60개
꾀꼬리버섯 80개
무염버터, 소금, 흰 후춧가루 적당량씩

몽블랑 크림
마롱페이스트(Sabaton사) 300g
무염버터 20g
생크림(유지방 35%) 150g
다크 럼 30㎖
처빌, 코코아파우더 적당량씩

HOW TO MAKE

파르스

01 족발과 돼지 귀의 털을 버너로 태운다. 양파는 껍질을 벗겨 반으로 자르고, 당근은 두꺼운 쪽에 열십자로 칼집을 넣는다.

02 냄비에 족발, 돼지 귀, 돼지 혀를 넣고 잠길 정도로 물을 부어 중불로 끓인다.

03 끓으면 거품을 걷어내고 나머지 재료를 모두 넣는다. 부드러워질 때까지 2시간 정도 끓인다.

04 족발, 돼지 귀, 돼지 혀를 건져서, 족발은 뼈를 분리하고 돼지 혀는 껍질을 벗긴다. 덩어리째로 하룻밤 냉장고에서 식힌다.

05 04를 5㎜ 크기로 깍둑썰기해서 섞는다. 300g을 사용한다.

부뎅 누아

01 냄비에 버터를 녹이고 얇게 썬 마늘을 넣어 볶는다. 향이 나면 얇게 썬 양파와 사과, 1㎝ 크기로 깍둑썰기한 돼지 등지방을 넣고 양파와 사과가 부드러워질 때까지 볶는다.

02 생크림과 우유를 넣고 한소끔 끓인 뒤 불에서 내려 완전히 식힌다.

03 믹서로 갈아서 퓌레 상태로 만든다.

04 볼에 옮겨 담고 돼지 피, 소금, 흰 후춧가루, 그래뉴당을 넣는다. 중탕으로 가열하면서 나무주걱으로 천천히 섞어서 익힌다. 걸쭉해지면 파르스 300g과 코냑을 넣는다.

05 테린틀에 버터를 바르고 04를 붓는다. 위를 알루미늄포일로 덮는다.

06 80℃ 오븐에서 30~45분 정도 중탕으로 굽는다. 냉장고에서 하룻밤 재운다.

타르트 조립

01 푀이타주에 포크로 구멍을 내고 180℃ 오븐에서 10분 동안 굽는다. 트레이를 올려 공기를 뺀 뒤 다시 5~7분 굽는다.

02 10×4㎝ 직사각형으로 자른다.

03 양파를 얇게 잘라 버터를 두른 프라이팬에서 캐러멜색이 날 때까지 볶는다. 소금을 뿌려 간을 한다.

04 부뎅 누아를 틀에서 빼내 10×4㎝, 두께 2㎝로 네모나게 자른다.

05 버터를 두른 프라이팬에 올려 양면에 구운 색이 살짝 나게 굽는다.

06 푀이타주에 양파 캐러멜을 펴 바르고 부뎅 누아를 올린다.

초콜릿 소스

01 다진 에샬로트와 레드와인을 냄비에 넣고 수분이 없어지고 윤기가 날 때까지 조린다.

02 퐁 드 보를 넣고 1/3로 줄어들 때까지 졸인 뒤 시누아로 거른다.

03 잘게 다진 초콜릿을 조금씩 넣으면서 녹인 뒤 코코아파우더, 소금, 흰 후춧가루로 간을 한다.

가니시

01 누에콩을 끓는 소금물에 데쳐서 껍질을 벗긴다.

02 버터를 넣은 프라이팬에 꾀꼬리버섯과 누에콩을 넣고 살짝 색이 나게 볶는다. 소금, 흰 후춧가루로 간을 한다.

몽블랑 크림과 마무리

01 마롱페이스트와 버터를 중탕으로 녹여서 부드럽게 만든다.

02 끓인 생크림, 다크 럼을 순서대로 넣고 얼음물 위에 올려서 거품기로 매끄러워질 때까지 섞는다.

03 몽블랑 깍지를 낀 짤주머니에 넣고 부뎅 누아가 덮이도록 짜서 접시에 담는다.

04 누에콩, 꾀꼬리버섯, 처빌로 장식하고 코코아파우더를 뿌린다.

05 초콜릿 소스를 스푼으로 떠서 선을 그려 완성한다.

쑥과 휴가나쓰

오야마 게이스케

p.080

INGREDIENT_ 50인분

쑥 아이스크림
우유 500g
생크림(유지방 38%) 250g
탈지분유 500g
그래뉴당 100g
트리몰린 150g
쑥 퓌레(시판품) 500g

호밀 크럼블
무염버터 100g
카소나드 100g
호밀가루 100g

휴가나쓰 크림
레몬즙 40g
달걀 120g
휴가나쓰 퓌레(시판품) 100g
그래뉴당 100g
휴가나쓰 껍질 1/2개 분량
무염버터 160g

휴가나쓰 마멀레이드
휴가나쓰 1개
그래뉴당 적당량

휴가나쓰 마리네
휴가나쓰 과육 5개 분량
그래뉴당 적당량

쑥 소금
건조 쑥가루(시판품) 10g
소금 10g
슈거파우더 20g

사케 사바용
달걀노른자 160g
사케 280㎖
그래뉴당 160g
판젤라틴 6g
생크림(유지방 38%) 480g

HOW TO MAKE

쑥 아이스크림
01 모든 재료를 믹서로 갈아서 고운체에 내리고 파코젯 비커에 담아 냉동한다.

02 파코젯으로 갈아 아이스크림을 만든다.

03 로보쿠프에 넣고 액체질소를 뿌려 소보로 상태가 될 때까지 돌린다. 냉동보관한다.

호밀 크럼블
01 모든 재료를 로보쿠프로 섞어서 소보로 상태로 만든다.

02 오븐시트 위에 펼쳐 놓고 170℃ 오븐에서 15분 굽는다.

휴가나쓰 크림
01 모든 재료를 냄비에 넣고 거품기로 섞으면서 86℃까지 가열하여 걸쭉하게 만든다.

02 핸드믹서로 껍질을 으깨면서 매끄러워질 때까지 간다. 냉장고에서 식힌다.

휴가나쓰 마멀레이드
01 휴가나쓰는 껍질째 얇게 썰어서 씨를 제거한다.

02 같은 양의 그래뉴당을 넣고 중불로 과육이 투명해질 때까지 30분 정도 조린다.

03 핸드믹서로 퓌레 상태가 될 때까지 갈아서 냉장고에 넣고 식힌다.

휴가나쓰 마리네
01 휴가나쓰 과육을 조각조각 나눠서 양쪽 껍질만 벗기고 3등분한다.

02 볼에 넣고 그래뉴당을 전체적으로 뿌린 뒤 냉장고에서 반나절 동안 마리네이드한다.

쑥 소금
01 재료를 섞는다.

사케 사바용
01 달걀노른자 푼 것, 사케, 그래뉴당, 물에 불린 판젤라틴을 냄비에 넣고 약불로 70℃까지 가열한다.

02 믹서에 넣어 고속으로 거품을 내고 상온으로 식힌다.

03 80% 휘핑한 생크림에 02를 조금씩 넣으면서 고무주걱으로 살짝 섞는다. 냉장고에서 식힌다. 시간이 지나면 식감이 나빠지므로 반드시 만든 당일에 사용한다.

플레이팅
01 접시에 사케 사바용 2큰술, 휴가나쓰 크림 1작은술을 담는다.

02 휴가나쓰 마멀레이드 1작은술을 크림 주위에 담고, 휴가나쓰 마리네 3조각을 주위에 올린다.

03 호밀 크럼블 1큰술을 뿌리고 쑥 아이스크림 2큰술로 전체를 덮어서 가린다.

04 쑥 소금을 접시 가장자리에 곁들이고, 잘게 자른 휴가나쓰 마멀레이드로 장식한다.

슈바르츠밸더 키르쉬토르테

다카하시 유지로

p.084

INGREDIENT_ 30인분

피스타치오 아이스크림

그래뉴당 140g

트레할로스 30g

달걀노른자 10개

우유 750g

생크림(유지방 38%) 250g

피스타치오 페이스트 200g

트리몰린(전화당) 75g

파르페 쇼콜라

초콜릿(카카오 70%, 발로나 과나하) 180g

키르슈 20g

달걀노른자 7개

그래뉴당 120g

물 100g

생크림(유지방 38%) 500g

튀일

그래뉴당 80g

박력분 25g

코코아파우더 10g

무염버터 50g

꿀 5g

달걀흰자 70g

소스 오 스리즈

아메리칸 체리 200g

냉동 그리오트체리 200g

물 100㎖

루비 포트 80㎖

레드와인 80㎖

레드와인 비네거 20㎖

그래뉴당 80g

키르슈 20g

물 680g

베지터블 증점제(p.107 참조) 37g

냉동 그리오트체리 100g

그래뉴당 30g

아메리칸체리, 금박 적당량씩

쇼콜라 쇼

우유 260g

초콜릿(카카오 70%, 발로나 과나하) 50g

HOW TO MAKE

피스타치오 아이스크림

01 그래뉴당에 트레할로스를 섞어둔다.

02 달걀노른자에 01의 1/2 분량을 넣고 하얗게 될 때까지 섞는다.

03 우유, 생크림, 나머지 01을 넣고 가열하여 끓기 직전까지 데운다.

04 03을 02에 조금씩 부어 섞는다. 냄비에 옮겨서 약불로 걸쭉해질 때까지 가열한다.

05 피스타치오 페이스트에 넣고 골고루 섞어서 유화시킨다.

06 트리몰린을 넣은 뒤 아이스크림 기계로 돌려서 얼린다.

07 상온에서 짤 수 있을 정도로 녹인다.

파르페 쇼콜라와 앙트르메 글라세

01 40~45℃의 중탕으로 초콜릿을 녹이고 키르슈를 넣는다.

02 다른 볼에 달걀노른자를 넣고 하얗고 걸쭉해질 때까지 믹서로 거품을 낸다.

03 그래뉴당과 물을 끓여서 시럽을 만든다. 달걀노른자로 거품을 내면서 시럽을 조금씩 넣고 파트 아 봉브(달걀노른자와 고온의 시럽을 섞은 것)를 만든다.

04 파트 아 봉브에 초콜릿을 넣어 섞은 뒤, 70% 휘핑한 생크림을 3번에 나눠서 넣고 가볍게 섞는다.

05 지름 1㎝ 둥근 깍지를 끼운 짤주머니에 넣는다.

06 지름 7.5㎝ 세르클틀 가운데에 지름 4.5㎝ 세르클틀을 놓고, 도넛모양이 되도록 틀 사이에 파르페 쇼콜라를 짠다.

07 부드러워진 피스타치오 아이스크림을 같은 방법으로 짤주머니에 넣고 그 위에 겹쳐서 짠다. 그 위에 다시 파르페 쇼콜라를 짜서 냉동실에 넣고 얼린다. 파르페 쇼콜라가 27℃ 이하가 되면 초콜릿이 단단해지고 식감이 퍼석해지므로 반드시 식기 전에 짠다.

튀일

01 그래뉴당, 박력분, 코코아파우더는 미리 섞어 둔다.

02 녹인 버터에 꿀, 달걀흰자, 가루 종류를 순서대로 넣어 섞는다.

03 지름 7.5㎝ 세르클틀의 바깥둘레와 같은 길이가 되도록, 두꺼운 종이로 3㎝ 폭의 틀을 만들어서 오븐시트 위에 올려 반죽을 얇게 바른다.

04 종이틀을 떼어내고 160℃ 오븐에서 7~8분 굽는다. 뜨거울 때 지름 7.5㎝ 세르클틀에 말아서 둥글게 모양을 만든다.

소스 오 스리즈

01 키르슈 이외의 모든 재료를 냄비에 넣는다. 거품을 걷어내면서 체리가 부드러워질 때까지 약불로 30~40분 끓인다.

02 믹서로 갈아서 퓌레로 만들고 시누아로 거른 뒤 키르슈를 넣는다.

03 지름 2.5㎝ 반원모양 실리콘틀에 붓고 냉동실에서 얼린다.

04 물, 베지터블 증점제, 그래뉴당을 가열하여 녹여서 섞고 70℃까지 식힌다.

05 03을 틀에서 분리해 꼬치에 꽂고 04에 2번 담갔다 뺀다. 트레이에 올리고 냉장고에서 소스를 해동시킨다.

조립

01 초콜릿 디스크를 만든다. 템퍼링한 초콜릿을 아주 얇게 펴고 지름 8.5㎝ 세르클틀로 동그랗게 찍는다. 체리 꼭지용으로 길이 2㎝ 정도의 가는 직사각형 모양도 칼로 잘라둔다.

02 그리오트체리에 그래뉴당을 섞는다.

03 앙트르메 글라세를 틀에서 분리해 접시 가운데에 올린 뒤, 바깥쪽에 튀일을 끼운다.

04 안쪽에 소스 오 스리즈와 02를 4개 담고 초콜릿 디스크로 덮는다.

05 아메리칸체리를 올리고 꼭지 모양 초콜릿을 꽂은 뒤 금박으로 장식한다.

06 우유를 끓이고 초콜릿을 넣어 녹인 뒤 시누아로 걸러서 쇼콜라 쇼를 만든다.

07 손님 앞에서 디스크 가운데에 쇼콜라 쇼를 붓는다.

장미, 라즈베리

가토 준이치
p.082

INGREDIENT_ 4인분

장미와 마스카르포네 크림
달걀노른자 32g
그래뉴당 43g
생크림(유지방 38%) 150g
판젤라틴 2.5g
마스카르포네 치즈 150g
로즈시럽(시판품) 20㎖
로즈에센스(시판품) 3㎖

라즈베리 셔벗
물 110g
트레할로스 100g
잔탄검 파우더(p.107 참조) 1g
레몬즙 8g
라즈베리 퓌레 200g
로즈시럽 10㎖
로즈에센스 25㎖

장미 비네거(완성 분량 200㎖)
사과 비네거 200㎖
식용 장미꽃(향이 강한 것) 30g

장미 비네거 디스크
생크림(유지방 38%) 170g
슈거파우더 12g
소금 1g
장미 비네거 25㎖
판젤라틴 1장
동결건조 라즈베리 파우더 5g

딸기 타피오카 시트(완성 분량 약 180g)
딸기주스 160g
그래뉴당 10g
타피오카 가루 15g
판젤라틴 1장

밀크 타피오카 시트(완성 분량 약 180g)
우유 160g
그래뉴당 10g
타피오카 가루 15g
판젤라틴 1장

로즈힙 퓌레(완성 분량 약 200g)
말린 로즈힙 100g
물 100㎖
레몬즙 20g
그래뉴당 100g

라즈베리 20알
식용 장미꽃잎 20장

＊ 딸기주스는 냉동딸기 100g당 물 300㎖
을 넣고 끓여서 거른 것.

HOW TO MAKE

장미와 마스카르포네 크림

01 달걀노른자와 그래뉴당을 섞고 끓인 생크
림을 넣는다.

02 83℃까지 가열한 뒤 물에 불린 판젤라틴
을 넣어 녹인다.

03 마스카르포네를 넣고 핸드블렌더로 매끄
러워질 때까지 골고루 섞는다.

04 로즈시럽과 에센스를 넣고 골고루 섞은
뒤 냉장고에 넣어 식힌다.

라즈베리 셔벗

01 모든 재료를 섞은 뒤 파코젯 비커에 넣고
냉동한다.

02 파코젯으로 갈아서 셔벗을 만든다.

장미 비네거

01 밀폐용 유리병에 사과 비네거와 장미꽃잎
을 넣고 냉장고에서 1주일 동안 재운다.

장미 비네거 디스크

01 약간의 생크림을 냄비에 넣고 슈거파우
더, 소금, 장미 비네거를 넣어 데운다.

02 불에서 내리고 물에 불린 젤라틴을 넣어
녹인 뒤 상온이 될 때까지 식힌다.

03 나머지 생크림은 70% 휘핑한 뒤, 1/3 분
량을 02에 넣고 골고루 섞는다.

04 나머지 생크림을 넣고 살짝 섞는다.

05 실리콘 패드에 3㎜ 두께로 넓게 펴고 냉동
실에서 얼린다.

06 완전히 얼면 지름 9.6㎝ 둥근 틀로 찍는다.

07 라즈베리파우더를 뿌리고 냉동보관한다.

2가지 타피오카시트

01 딸기주스, 그래뉴당, 타피오카 가루를 냄
비에 넣고 저으면서 끓인다.

02 불에서 내리고 물에 불린 판젤라틴을 넣
는다.

03 뜨거울 때 가능한 한 얇게 펴서 90℃ 오
븐에 넣고 건조시켜 딸기 타피오카시트를
만든다.

04 딸기 타피오카시트 만드는 과정에서 딸기
주스 대신 우유를 넣고 같은 방법으로 밀
크 타피오카시트를 만든다.

로즈힙 퓌레

01 모든 재료를 냄비에 넣고 약불로 1시간 끓
인다. 믹서로 갈아서 매끄러운 퓌레를 만
든다.

플레이팅

01 장미와 마스카르포네 크림을 짤주머니에
넣고 접시에 짠다. 주변에 라즈베리 5알을
돌려 담는다.

02 라즈베리 셔벗을 크넬(럭시공) 모양으로
만들어 크림 위에 올리고 장미 비네거 디
스크를 올려 전체를 숨긴다.

03 2가지 타피오카시트를 잘라서 02의 위에
장식하고 장미꽃잎을 뿌린다.

04 로즈힙 퓌레를 올려 완성한다.

발효 적양파 농축액, 허브오일, 순간 훈제 정어리

다카하시 유지로
p.088

INGREDIENT_ 10인분

발효 적양파 농축액(완성 분량 200g)
적양파 1kg
소금 적양파의 3%
주니퍼베리 적당량
그래뉴당 적당량

정어리 마리네(훈제)
정어리 5마리
암염 적당량
퓨어 올리브오일 적당량
마늘 3쪽
타라곤 3줄
바질잎 3장
페코로스 5개
붉은색 페코로스 5개

화이트 글뢰그
화이트와인 비네거 30㎖
화이트와인 100㎖
물 50㎖
그래뉴당 50g
코리앤더 씨, 흰 통후추 20알씩
생강, 마늘 1쪽씩

레드 글뢰그
레드와인 비네거 30㎖
화이트와인 100㎖
레드와인 30㎖
물 20㎖
그래뉴당 50g
코리앤더 씨, 흰 통후추 20알씩
생강, 마늘 1쪽씩

가지 마리네
가지 5개
식용유 적당량
소금, 흰 후춧가루 적당량씩
코리앤더 씨, 생강즙, 마늘오일,
그래뉴당 적당량씩
셰리 비네거 50㎖

허브오일
파슬리, 바질잎 적당량씩
퓨어 올리브오일 적당량

무화과 3개
아마란스, 레드 겨자채, 펜넬꽃 적당량씩

* 글뢰그는 향신료, 건포도 등을 넣어 끓인
와인.
* 마늘오일은 잘게 다진 마늘을 올리브오
일에 재운 것.

HOW TO MAKE

발효 적양파 농축액
01 밀폐용 병에 적양파 슬라이스를 넣고 소금
과 주니퍼베리를 뿌린다.
02 밀폐한 뒤 28℃에서 1주일 발효시킨다.
03 맛을 봐서 신맛이 생겼으면 믹서로 갈아서
퓌레로 만들고, 면보로 짜서 액체를 추출
한다.
04 액체 100㎖에 그래뉴당 5g을 넣어 녹이
고, 소금으로 간을 한다.

정어리 마리네
01 정어리를 3장뜨기하고 암염을 묻혀 30분
동안 마리네이드한다.
02 얼음물로 씻은 뒤 물기를 잘 닦아낸다.
03 올리브오일을 자작하게 붓고 반으로 자른
마늘, 타라곤, 바질을 넣어 2~3일 마리네
이드한다.

페코로스와 붉은색 페코로스 피클
01 페코로스와 붉은색 페코로스를 각각 아삭
하게 데친다.
02 화이트 글뢰그와 레드 글뢰그 재료를 각각
끓인다.
03 뜨거울 때 화이트에는 페코로스, 레드에는
붉은색 페코로스를 각각 넣고, 얼음물 위
에 올려서 식힌다.
04 냉장고에서 하룻밤 마리네이드한다.

가지 마리네
01 가지는 180℃로 가열한 식용유에 튀긴 뒤
껍질을 벗긴다.
02 소금, 흰 후춧가루, 코리앤더 씨, 생강즙,
마늘오일, 그래뉴당, 셰리 비네거를 섞어
서 마리네이드액을 만든 뒤, 가지 위에 뿌
리고 반나절 동안 마리네이드한다.

허브오일
01 같은 양의 파슬리와 바질잎을 데쳐서 물기
를 완전히 제거한다.
02 잠길 정도로 올리브오일을 자작하게 붓고
파코젯 비커에 넣어 냉동실에서 얼린다.
03 파코젯으로 갈고 키친타월로 거른다.

마무리
01 정어리의 오일을 꼼꼼히 닦아내고 뼈를 제
거한다.
02 중심 온도가 약 38℃가 될 때까지 버너로
굽는다.
03 히코리(Hickory) 훈연칩을 냄비에 넣고 망
을 올린 뒤 불 위에 올린다. 연기가 나면
불을 끄고 정어리를 넣은 뒤 뚜껑을 덮는
다. 1분 동안 훈연한다.
04 접시에 수분을 제거한 가지 마리네, 페코
로스, 붉은색 페코로스, 세로로 8등분한
무화과를 둥글게 담는다.
05 가지 위에 정어리를 올리고 아마란스, 레
드 겨자채, 펜넬 꽃으로 장식한다.
06 적양파 농축액을 가운데에 붓고 허브오일
을 몇 방울 떨어뜨린다.

141

프레시 치즈, 타피오카

가토 준이치
p.090

INGREDIENT_ 4인분

프레시 치즈
생크림(유지방 38%) 250g
우유(논호모 타입) 250g
소금 6g
렌넷(응유효소) 5g

파슬리오일(완성 분량 약 120㎖)
파슬리 50g
해바라기오일 100㎖

타피오카 알갱이 15g
사과 비네거 50g
방울양배추 4개
소금 적당량

HOW TO MAKE

프레시 치즈
01 재료를 모두 그릇에 담고 39℃로 중탕한
   다. 온도를 유지하면서 3시간 발효시킨다.

파슬리오일
01 믹서에 재료를 넣고 10분 동안 섞은 뒤 면
   보로 거른다.

타피오카 피클
01 타피오카를 부드럽게 데쳐서 수분을 제거
   한 뒤, 사과 비네거를 부어 1일 동안 마리
   네이드한다.

마무리
01 방울양배추는 1장씩 떼어서 끓는 소금물
   에 넣고 식감이 살아 있게 살짝 데친다.
02 프레시 치즈를 그릇에 담고 방울양배추를
   올린 뒤 속에 타피오카를 진주처럼 가운
   데에 올려서 장식한다.
03 파슬리오일을 방울양배추 안에 몇 방
   울 떨어뜨리고 소금을 살짝 뿌린다.
   35~40℃로 제공한다.

발효 양송이

가토 준이치
p.094

INGREDIENT_ 4인분

발효 양송이
양송이 300g
소금 3g

양송이(블루테용) 200g
물 200㎖
생크림(유지방 38%) 100㎖
무염버터 50g
소금 적당량
달걀 4개
양송이(소테용) 4개
식용유 적당량
양송이(날것으로 사용) 100g

HOW TO MAKE

발효 양송이 주스
01 양송이와 소금을 섞어서 진공 상태로 만
   들고 상온에서 2주 동안 발효시킨다.
02 주서에 넣고 발효 양송이 주스를 만든다.

블루테와 마무리
01 양송이, 물, 생크림, 버터를 냄비에 넣고
   1/3로 줄어들 때까지 가열한다.
02 발효 양송이 주스 60㎖를 넣고 소금으로
   간을 한다.
03 달걀을 삶아 수란을 만든다.
04 얇게 자른 소테용 양송이를 식용유를 두
   른 프라이팬에 올려 센불로 볶는다. 소금
   으로 간을 한다.

05 그릇에 수란을 담고 04를 올린다. 얇게 썬
   생양송이를 전체가 덮이게 올린다.
06 02의 블루테를 다시 데우고 카푸치노 거
   품기로 거품을 내서 붓는다.

옥돔, 누룩, 퀴노아
다카하시 유지로
p.092

INGREDIENT_ 10인분

퀴노아 200g
종곡(누룩을 만드는 씨) 2g

당근 퓌레
  당근 3개
  퓨어 올리브오일, 무염버터 적당량씩
  화이트와인 20㎖
  우유, 물 적당량씩

퓨어 올리브오일 적당량
마늘 조금
물, 소금, 흰 후춧가루 적당량씩
이탈리안 파슬리 조금
퓨어 올리브오일 적당량
옥돔 700g
미니당근 10개
수송나물 적당량
나베트오일(시판품) 적당량

HOW TO MAKE

퀴노아 발효

01 스팀을 넣은 스팀컨벡션오븐에서 퀴노아를 20분 찌고 40℃까지 식힌다.

02 종곡을 뿌려서 섞은 뒤 종이 봉투에 넣는다. 담요로 감싸고 27℃에서 4일 동안 발효시킨다. 1일 1번 봉투를 열고 공기를 넣어주면 발효가 잘 진행된다.

당근 퓌레

01 당근은 껍질과 꼭지를 제거하고 1㎝ 폭으로 둥글게 썬다.

02 냄비에 올리브오일과 버터를 같은 비율로 넣고 중불로 가열한 뒤, 1시간 30분 동안 당근을 볶아서 맛을 응축시킨다.

03 화이트와인을 넣어 알코올을 날리고, 당근이 잠길 정도로 우유와 물을 같은 비율로 붓는다.

04 끓으면 약불로 줄이고 당근이 부드러워질 때까지 끓인다.

05 버터 10g을 넣어 녹이고 믹서로 갈아서 퓌레 상태로 만든다. 시누아로 거른다.

2가지 퀴노아

01 냄비에 올리브오일을 두르고 다진 마늘을 볶아 향을 낸다.

02 발효시킨 퀴노아의 1/2 분량을 넣고 색이 나지 않도록 주의해서 볶는다.

03 고소한 향이 나면 전체가 잠길 정도로 물을 붓고 약불로 15~20분 조린 뒤 시누아로 거른다. 소금, 흰 후춧가루로 간을 한다.

04 프라이팬에 올리브오일을 두르고 다진 마늘과 이탈리안 파슬리를 볶아서 향을 낸다.

05 나머지 퀴노아를 넣고 고소한 향이 나도록 볶아서 소금, 흰 후춧가루로 간을 한다.

옥돔 솔방울구이

01 옥돔을 3장뜨기해서 소금, 흰 후춧가루로 밑간을 한다. 족집게를 사용해서 비늘을 세운다.

02 프라이팬에 껍질만 잠길 정도로 올리브오일을 넉넉히 붓고 센불로 가열한다. 옥돔을 껍질이 아래를 가게 올려서 껍질이 바삭하고 노릇해지게 굽는다. 기름을 따라내고 뒤집어서 2초만 살짝 굽는다.

마무리

01 미니당근은 발효 퀴노아를 조린 국물로 부드러워질 때까지 가열한다.

02 프라이팬에 올리브오일을 두르고 다진 마늘을 볶아 향을 낸다. 수송나물을 넣고 살짝 볶아서 소금으로 간을 한다.

03 접시에 볶은 퀴노아를 담고 옥돔 솔방울구이와 미니당근을 올린다.

04 수송나물로 장식하고 접시 가장자리에 당근 퓌레를 바른다.

05 발효 퀴노아를 조린 국물을 붓고 나베트오일을 몇 방울 떨어뜨린다.

Photo_ Nanto Reiko

옮긴이 용동희 서강대학교 화학공학 석사, 경희대학교 조리외식 석사를 마치고, 각종 잡지와 신문에 요리 기사를 연재하며 활발히 활동 중인 요리연구가 겸 푸드스타일리스트. KBS국제방송에서 일본에 한국요리를 소개하는 코너를 진행했으며, 일본인 대상 한국요리 강좌 및 대학과 문화센터 등에서 요리 강의를 하고 있다. 또한 한국에 일본 요리책을 소개하는 전문 번역가로도 활동 중이다.

프 랑 스 요 리 의 응 용 기 법
소스의 새로운 활용과 연출

펴낸이 유재영   **기 획** 이화진
펴낸곳 그린쿡   **편 집** 박선희
엮은이 현대프랑스요리연구회   **디자인** 정민애
번 역 용동희

1판 1쇄 2019년 3월 10일
1판 2쇄 2021년 12월 15일

출판등록 1987년 11월 27일 제 10-149
주소 04083 서울 마포구 토정로 53(합정동)
전화 02-324-6130, 324-6131
팩스 02-324-6135

E-메일 dhsbook@hanmail. net
홈페이지 www.donghaksa.co.kr / www.green-home.co.kr
페이스북 www.facebook.com / greenhomecook
인스타그램 www.instagram.com / __greencook

ISBN 978-89-7190-675-0 13590

✳ 이 책은 실로 꿰맨 사철제본으로 튼튼합니다.
✳ 잘못된 책은 구매처에서 교환하시고, 출판사 교환이 필요할 경우에는
   사유를 적어 도서와 함께 위의 주소로 보내주세요.

GREENCOOK은 최신 트렌드의 디저트, 브레드, 요리는 물론 세계 각국의 정통 요리를 소개합니다. 국내 저자의 특색 있는 레시피, 세계 유명 셰프의 쿡북, 한국·일본·영국·미국·이탈리아·프랑스 등 각국의 전문요리서 등을 출간합니다. 요리를 좋아하고, 요리를 공부하는 사람들이 늘 곁에 두고 보고 싶어하는 요리책을 만들려고 노력합니다.